# 人生静音模式

在孤独中涤荡灵魂，在前进中成就自我

蓑依 ㊔

民主与建设出版社
·北京·

图书在版编目（CIP）数据

人生静音模式 / 蓑依著. -- 北京：民主与建设出版社，2023.1
ISBN 978-7-5139-4043-6

Ⅰ. ①人… Ⅱ. ①蓑… Ⅲ. ①人生哲学 – 通俗读物
Ⅳ. ①B821-49

中国版本图书馆CIP数据核字（2022）第229360号

人生静音模式
RENSHENG JINGYIN MOSHI

著　　者　蓑　依
责任编辑　程　旭
封面设计　仙境设计
出版发行　民主与建设出版社有限责任公司
电　　话　（010）59417747　59419778
社　　址　北京市海淀区西三环中路10号望海楼E座7层
邮　　编　100142
印　　刷　北京盛通印刷股份有限公司
版　　次　2023年1月第1版
印　　次　2023年1月第1次印刷
开　　本　880毫米×1230毫米　1/32
印　　张　8.25
字　　数　130千字
书　　号　ISBN 978-7-5139-4043-6
定　　价　52.00元

※ 如果此刻，你正在经历事业低谷，而你又非常热爱这份事业，你唯一能做的就是不下场，只要你还在场，一切都有机会，甚至可以说时间本身就是你最好的机会。

※人生有的时候需要义无反顾地奔赴自己的目的地，有时候看起来是在奔赴由于激情引起的未知，其实是奔赴一段确认：确认你也可以过上曾经让自己羡慕的生活，确认这个比你多走几步的人踏出来的路是行得通的。

※无论你周围的人怎么样，高兴的时候，你就开怀大笑；伤心的时候，你就放声大哭；下雨的时候，你就拼命奔跑，我们不能让周围的人加重自己做选择的难度。

※孤独不需要可怜，不需要对抗，不需要温暖的拥抱，它就是事实本身而已，我们像接受一年会有四季，像接受会有日升和日落一样，接受这个事实就好了。

※所有的容易受到伤害，只是因为受到的伤害还不够多，当伤害再多一些的时候，你就会发现，自己曾经撕心裂肺关心的那些事情都是鸡毛蒜皮的小事情，根本不值一提。

※当我们抛开对事不对人的想法，主动去面对一个个复杂的人，面对的人越多，解决的问题越复杂，我们的不可替代性也就越强。

※在选择面前，人如果能清楚地建立自己的框架，清楚自己想要的是什么，分辨出每种选择背后的优劣，就是人生最大的精进。

※人生要的就是惊涛骇浪，波涛中的每一朵浪花都是伟大的，它们最终会汇成闪着金光的海洋。愿我们每个人都能找到属于自己的那片海。

CONTENTS 目录

## 第一章 坚定是因为我一直在场



## 第二章 你要让你心中的那团火持续燃烧

## 第三章 成长是有加速度的

## 第四章 闷声做大事才是成功的基调



## 第五章 你走的每一步，都应该是走在路上

## 第六章 成长本来就是孤独的



## 第七章 一个人要活成一支队伍

# 第一章

# 坚定是因为我一直在场

## 1. 日复一日的方法论

很多人问过我一个同样的问题："蓑依，你是如何保持快速成长的？"

这是一个非常难回答的问题。所有的成长都是点点滴滴、悄无声息的，怎么可能有一个确切的答案呢？但这个问题像一粒种子，在我心里慢慢发芽，最近它结了一点小果子。

我得出的结论是：我的成长方式是感性化、碎片化的。有些人的成长方式是很理性、很系统的，我做不到，也许是因为常年写作的原因，我的成长都是碎片式的。

就拿今天这个很普通的日子来说，其中关于我的4个成长小片段，也许能够帮到你嗅到一点点味道。

今天中午吃饭的时候看《锵锵行天下》，有一个小细节让我记忆深刻。主持人窦文涛和嘉宾罗朗一起去青海拍摄美食，其中有一个场景是采访一个当地知名的面食店老板娘。到了现场，他们发现美食的确非常好吃，就在这个店里面赞美了很久，也拍摄了很久，很是热闹。

就在这时，罗朗突然发现，与这家面食店仅仅一墙之隔的门店，同样也是卖面食的，门店非常冷清，对比隔壁的热闹，老板娘的脸上有了明显的失落感。罗朗发现后，第一时间走了过去，品尝了她店里的面食，而且还自己掏钱买了一袋带走。

窦文涛评价这种行为：高贵到令人可怕。

于是，我把这句话印在了心里。如果有一天，我遇到类似的情况，我就知道怎么做了。

中午吃饭的时候，看一个关于迪丽热巴的访谈。她提到一个小故事，有一次她去爬山，越爬越累，快到山顶的时候，忍不住感叹了一声："太累了！"刚巧被她前面的老爷爷听到了，老爷爷回头看了她一眼说："人生就是这样累啊，一步步往前走吧！"

迪丽热巴说她会永远记得那个画面，即便很多人认为她是明星，生活不会有什么艰难，只有她知道：谁的一生都充满了艰辛，无论怎样都是要一步步往前走的。

迪丽热巴如此，你如此，我也如此，所以别怕难。这不是"鸡汤"，就是事实，而我每天接受的就是这种事实。

晚上收到原同事的信息，她目前在做芒果台的一个节目，让我帮忙联系一个航天工程师。说实话，看到这个信息的时候，我头都要大了，本不想应允，因为我要找很多层的关系才能联系到她所需要的人，而且是动用很多年前在《开讲啦》的人脉。但当我要拒绝的时候，我突然想到今年给自己设定过一个目标：无条件地爱别人。那就必须得帮同事做这件事。

于是，我联系了很多个朋友，花了近两个小时的时间，终于帮朋友牵上了线。虽然这个过程很不顺利，甚至每一个关卡我都有想放弃的打算，但是“无条件地爱别人”支撑着我。我告诉自己，我得做，必须做，而且还要得做好！

临睡时，我按照惯例进行睡前阅读。读到迪士尼CEO写的一本书《一生的旅程》，里面提到一件事：上海迪士尼开业的当天，他在上海接待当地官员，和各个领域顶尖的精英们推杯换盏，整个上海迪士尼都沉浸在欢乐的海洋中。只有他本人知道，当时美国迪士尼发生了一起鲸鱼吞噬人的事件，他的内心无时无刻不在牵挂着这件事的进展。一边是火焰，一边是海水，他在迪士尼CEO位置上的每一天基本都是如此。

反观自己眼前这点困难，根本不值一提，不是海水，也不是火焰。有什么资格觉得它很困难呢？

……

当然，每天有不同的生活片段，我只是随便拎出来4个，这是今天生活给予我的教育，我收到了。

“日拱一卒无有尽，功不唐捐终入海。”小时候，我爸对我说，如果你可以做到日复一日去努力，就会超越这世界上90%半途而废的人。那个时候，我还不相信世界的规则如此简单，但到了今天，它成为我日复一日的方法论。

## 2. 我在爱情中开“例会”

生活中，面对大多数关系，我的态度都是感性的，喜欢就喜欢，不喜欢就不喜欢，不屑于谄媚，也不想动脑子，越简单越好。

但只有一个关系，我越来越理性，那就是：爱情中两个人的相处之道。

前两天晚上，我和丁老师聊到深夜两点多，主要围绕两个问题来进行：第一，我们除了竭尽全力地对彼此好之外，是不是少了一些心照不宣的浪漫；第二，我对待他打游戏的态度是怎样的。此刻在看这篇文章的你，是不是觉得特别可笑？这种破问题，简直就是矫情，小事一桩，没什么可商量的呀。

的确，最初丁老师也是这样想的。那天我提议说，咱们睡前得好好聊聊，他异常惊讶地说：“咱们俩24小时都在一起，每天说那么多话，还有什么可聊的。”我说：“不，有些话只适合睡前聊。”于是，我拽着他的睡衣，盯着昏昏欲睡的他，展开了上面两个问题的“矫情对话”。

不聊不知道，一聊吓一跳。

丁老师平时工作特别用心，非常辛苦，晚上有时会和朋友一起打游戏。从内心来讲，我非常理解，并且很支持，如果游戏能够让他沉浸进去，开心一点，没有什么值得阻拦的。但是，丁老师总觉得我对他打游戏这件事是嗤之以鼻的，所以每次我和他坐在一起，他打游戏就会很紧张，生怕我生气。这样恶性循环下去，他就玩得越来越不开心。

如果他不告诉我这种感受，我不告诉他我对他打游戏的态度，可能这种潜在的紧张情绪，有一天就会集中爆发。

还有一件事让我印象深刻。今年我们搬进了新家，开始了全新的生活。我们决定减少吃外卖的次数，自己做饭，我厨艺不太行，于是大多数时间都是丁老师来做饭。不知道为什么，时间久了，稀里糊涂地，我会觉得丁老师应该不太喜欢这种生活——规规矩矩，每天面对大量的琐碎。

我这样的感受带来的结果就是，如果他频繁皱眉头，我就觉得他下意识地不喜欢这种生活，只是不方便说而已。可当我把这种感受告诉他时，他非常震惊：“你怎么可以这样想啊？我很喜欢现在的生活，甚至觉得这样过一辈子也挺好的。”

听到这句话的时候，你们可以想象我当时感觉多扎心吧。我会认为他不喜欢某种状态，但我的感觉和他本人的感受大相径庭。

不知道处在情感关系中的你们，是不是如我们一样，两个人的相处看起来都挺好的，但你总觉得有些说不清道不明的东西夹杂在里面。也许有人选择装作看不到，认为它就是一颗小石子而已，又不耽误两个人的感情继续往前走；也许有人因为太忙了，就不自觉忽视掉了。自从我发现这个状态后，我的选择是：每个月必须进行一次深度沟通。

这个深度沟通，就是情绪的垃圾场，我把这个月积攒的情绪倒出来，你也倒出来，那些没有言明的要言明，那些你以为我懂的其实我并不懂的要直接告诉我，能解决的就解决，不能解决的也要让对方知道。我从来没有这么郑重其事过，也从来没有这么认真经营过一段感情。

此刻读这篇文章的你，我还挺希望你也尝试一次。

不要那种浅尝辄止的聊天，浮皮潦草地就这样过去了，而是真正地坐下来，花长一点的时间，聊聊似乎没用的东西，避免有一天，因为误会和莫须有的委屈而失去最亲爱的彼此。

时至今日，我依然认为经营一份好的感情，靠的是智慧，而不仅仅是两个人相爱的程度。

## 3. 不要轻易羡慕任何人

朋友从微信上发给我一个直播链接，叮嘱道："你可以听听，貌似这个人最近很火，你可以关注一下。"我点进去一看，直播的这个人我很熟悉，他一路走来的过程，我还挺清楚的，基本上就是靠"割韭菜"，使用各种包装技巧来打造自己所谓的影响力，其实就是个空壳而已。

我就把自己的感受直言不讳地告诉了给我发微信的朋友，朋友的回复是："反正外面的人只看热闹，能赚钱就行呗，我还挺羡慕这个人在这么短的时间就做得这么好了。"

朋友的回答印证了这个人为什么那么火，因为靠近这个人的人，都是羡慕他、想成为他的人。

有时候，我们不要小瞧"羡慕"这种情绪，这种情绪，在我看来，是"吸引"的本质。一旦你成为让别人羡慕的人，你就可以"割韭菜"了，一茬一茬地；一旦你有了羡慕的人，你就很容易沦为他的"死忠粉"，分辨不出正误。

在某种程度上说，"羡慕"是很珍贵的情绪，如果你使用恰当，它可以给你极大的力量，就像我特别羡慕严歌苓的生活一样，每次想到她，都觉得自己可以再努力一些；但如果使用不当，你看，那“韭菜”就是你了。

我之所以说不要轻易羡慕任何人，出于两个考虑：

第一，我们永远没有办法知道他在经历什么，哪怕他展现出来的是光鲜亮丽，但背后是怎么样的，你不可能知道。现在不断爆出的“明星抑郁事件”“家暴事件”，不都如此吗？

我有一个富二代的作家朋友，是我在大学毕业的时候认识的。说实话，他就是我当时羡慕的对象，家里超级有钱，而且长得也很帅，关键是作品写得还不错，以至于后来我出版作品的时候，还让他给我写了几行推荐语。

可就是这样一个人，我前几天才知道他已经患重度抑郁症9年了，他从来没有对人说过，自己不停地吃药、住院。当我得知这个消息的时候，我还羡慕吗？一点都不，和健康相比，金钱、帅气、才华都不算什么。

轻易羡慕别人，就是承认了自己的狭隘，承认了自己在认知上单一的思维模型。倘若你全面观察一个人，你会发现：没有人值得你羡慕，每个人在生活中既享受着快乐，也品尝着悲伤。

第二，时间规律。当我经历越来越多的事情时，我发现：“荣”与“枯”，这种现象太常见了。

如果把一个人比喻成一朵花，你一定能看到发芽、开花、绽放的过程。同时，你也一定能发现这个人枯萎、凋落的时刻。无论这个人怎么对抗时间规律，都不会有丝毫的改变。

如同爬山一样，很多人觉得站在山顶是最开心的。于我而言，上山的过程才最开心的，因为你的内心总是充满着对山顶美景的期待。而到了山顶片刻之后，你接下来面对的就是下山了。

我有一个好朋友这两年事业做得很成功，拿到了很好的融资，搬进了超大的办公区，每天在公众平台上晒这种“山顶”的感觉，引起很多人的艳羡。

有一天，我和这个好朋友与一位做企业前辈一起吃饭。前辈说了一句很重的话，他说：“我知道你这样展示是为了做你的品牌形象，让别人知道你们做得很好了，但是你有做好其实并没有表面那么好的心理准备吗？”

这个问题显然问蒙了我的好朋友，以至于吃完饭之后，我们一起回到家，她还和我吐槽这位企业家前辈：怎么也不希望人家好啊？当时我也跟着一起吐槽。直到最近，经历了一系列的事情之后，才有点明白，当我们把前辈给我们的忠告认为是“不希望我好”的时候，显然是我们认为顶峰会持续很久，顶峰后面还是顶峰，甚至是更高峰，但事实是：一个人也好，一个事物也好，好到顶点之后，可能就是下坡，我们要做好准备，平稳着陆。

想明白这个道理之后，我便不再羡慕任何人。如果一个人这段时间发展得很好，又能怎么样呢？如果一个人这段时间很差，又能怎么样呢？生命不是一条直线，而是高低起伏的曲线，环环绕绕，谁也不知道自己接下来会走到哪里，何必羡慕别人？

没有羡慕，不要嫉妒，学习别人的长处，化为己用，这种话太不“酷”了，老生常谈，我上小学就知道了，但真正开始理解，是在30岁之后。

## 4. 小火慢炖的“30+”

2020年圣诞节晚上，我去上海的圣诞集市玩，到处都是卖热红酒的，冷飕飕的风把肉桂和香草味吹进鼻子里，是真上头。想买一杯喝，但担心它和凉风同时入口会引发肚子痛，于是遗憾离开，但是那个味道一直刻在我的记忆里。

这次搬家，一年前买的一箱红酒被我找到了。于是想着自己煮点红酒喝。当时已经是夜里11点了。家里食材很不齐全，只有几个梨、几个金橘和一些白糖，心想将就用吧。

在锅中先倒进半瓶红酒，把切好的梨、金桔放进去煮，等到热气上来的时候，放进3勺白糖，然后把火开到很大，锅中红酒沸腾，梨也染上了绛红色，金橘炖得稀烂，清新四溢。3分钟后，关掉火，把红酒倒出来，这个时候才发现，半瓶红酒煮过之后，装在杯中只有薄薄的一层，我两口就喝完了。

我失败了，煮汤、煮水都不能用大火一直烘。

不服气的我开始了第二次尝试，采用和第一次一样的食材，只是这次改用小火慢炖，炖了大约15分钟，蒸发的红酒少到可以忽略不计，尝一口，也算是有回甘。

我花了那么多时间来描述这件小事，是因为当我站在厨房里，听见红酒在锅中咕咚咕咚作响的时候，有一瞬间，我觉得我明白了怎样才能活成自己想要样子。

这是一件小事儿，可就是这样一件小事，也得把更小的事情做好了，才能将它完成。

首先是厨房。

我对厨房的要求非常高，我很少做饭，一般只有开放式厨房才能稍微让我有想自己动手做饭的欲望。所以，每次找房子都是一件头疼的事儿。这次何其幸运，不但有了开放式厨房，而且是透明玻璃和网格纹的装饰，才让我这个深夜11点想要喝酒的人走进厨房。

其次是心情。

2020年是我创业的第一年，我就像一个马达一般，马不停蹄，半夜也不休息，尽全力去拼。那个时候，别说是喝红酒了，吃饭都是将就的，每一顿都是点的外卖，基本上没有任何心情做点犒赏自己或者愉悦自己的事情，甚至认为工作就是自己全部的愉悦。今年花了两个月的时间终于把状态调整过来了，养花、煮茶、熏香……这些能让自己更舒服的事，我开始有心情去做了。

当然，我的状态还是没完全调整过来。比如煮酒一上来就用大火烘，沸腾时红酒、咕咚的声音让我觉得好幸福，如同我现在依然

"什么都求快"的状态。无数的事情在后面推着，我只能加快速度，不然事情越堆越多，但"快"的结果一般就是做了很多事，但能留下的有品质的东西却很少。就像我用大火煮的半瓶红酒，最后只剩下薄薄的一层，连一杯都不到。

好在还有第二次，我开始用小火慢慢烘，没有沸腾的水花，没有咕咚的声音，就是平静地散发着热气，一点也不让人热血沸腾，一点也不让人有冲动。可就是这种慢煮，半瓶红酒煮后还剩将近半瓶，味道也远比上一次的醇厚。

我开始接受"慢"，但明显是必须有意识地强制要求自己接受才可以，就这样吧，好在还能有这个意识。

我总觉得30岁的人生应该和20多岁的人生很不一样。在我心里，10年是一个刻度。第一个10年，很无知，不知道怎么就稀里糊涂地长大了；第二个10年，有些记忆，只是跟在别人的后面做他们都在做的事情，尽全力去追赶；第三个10年，知道了自己想要什么，胜过努力让自己过上了想要的生活；而第四个10年即将开始，我希望的状态是：活成想象中的自己，这个年龄才是最好的年龄，已历风霜，精力也还旺盛，什么都可以奔赴，一切皆有可能。

那就，从这一杯小火慢炖、回味甘甜的红酒开始吧。

干杯，和深夜在厨房很深很深地感觉到幸福和感恩的自己。

## 5. 很多时候，离开就是最好的决定

我很喜欢看《奇葩说》的一个原因就是我爱“挑刺”。

每当出现一个辩题的时候，我就先把自己的答案准备好，然后像面试筛选一样：这个不是我想说的，过；下个还不是，过……直到出现我想说的，我才兴奋得拍手称快。当然，有很多次，在节目中自始至终没有人提及我想到的答案。

也许有人听到这里会说：蓑依，人家是一个鼓励大家想法多元的节目，你怎么带着自己单一的答案去找同类呢？没错，这就是属于我的最有效的打开方式。如果我没有自己的答案，相当于没有标尺，觉得这个人很棒，那个人也很好，结果几十分钟下来，自己只不过凑了一场热闹，看了一场寂寞而已。

这次有一个辩题叫作：“作为职场新人，假如领导不喜欢你，你要不要辞职？”看到这个辩题的时候，我脑海中就闪现了一个答案，而且异常坚定，那就是：必须辞职。

大家都知道，我是一个所谓的“正能量鸡汤”作者，按照正向

的逻辑应该是：你不能辞职啊，如同杨天真所说，职场就是工作的地方，你以目标为导向就好了呀，如果还在乎领导喜不喜欢你，是不是太矫情了？你要努力，要奋斗，直到用工作证明你自己……好像这样的答案才是属于蓑依的答案。

不，这不是我的答案。我这么坚定的原因是，在我初入职场的时候，遇到过一个不喜欢我的领导。在我做了领导之后，遇到了一个不喜欢的员工。两种身份，我都切身体验过。

研究生毕业后，我进入一家顶级电视节目制作公司，由于没有学过任何相关的专业知识，导致我上手特别慢。对别人来说很简单的操作，到我这里，都得死磕很久。

因为这是我的梦想，死磕很久没关系，我愿意，但是有一个领导不喜欢我。她也许是觉得我笨，也许是觉得我不应该做这份工作，也许是觉得我没有资格做这份工作，总之，用各种手法针对我，甚至有一天，我的同事偷偷地对我说："要不，你走吧，我都看不下去了。"

所以，当我觉得学得差不多的时候，我就果断离开了这家公司，后来我在很多演讲场合提到过。我说："如果你得到一份工作，在那份工作里你过得很压抑，很不受待见，一定离开。否则，你做不出什么成绩来，因为那样的环境不会给你机会的。"

果然，我换了一个环境之后，从一个电视节目小白，用两年的时间就成为知名节目的主编，顺风顺水，每天都很开心，我不需要怀疑我自己是否适合这个行业，我也不需要看别人的脸色。没有人打压你的时候，你会成长飞快。

也许我是一个“记仇”的人吧，好几年过去了，现在我都不想回忆起那个领导的脸。我不原谅她，也不认可她，甚至我觉得自己做过的最正确的职场决定，就是离开了那个让我感到压抑的环境。

我通过换一份工作转了运，我只用我的经验说话：离开，很多时候就是最好的决定。

转眼几年过去，我做了领导，拥有自己的公司。也巧了，我也遇到了我不喜欢的员工。

《奇葩说》上有一句话说得很扎心：一个领导没有资格表达对某个员工的不喜欢。也许理想是这样子的，但现实是我就是遇到了不喜欢的员工，并且我的确也不自觉地通过行为表达了这种感受。

结果就是我劝他离职了。这个“离职”对彼此来说都是解脱，我终于不用整天面对不喜欢的人了，而且他也不用整天面对我的臭脸了。

你可能会好奇，我为什么不喜欢他？原因很简单，就是他身上的劣势超过了他的优势。

你可能会说：那你当初不要招他进来啊？但事实上一场面试无法决定这个人是否合适，必须在“事儿”上看出高下。

我认为辞退他，是对他的成全。在一个老板不喜欢你的环境中，你会更玻璃心、更自卑、更容易产生受害者思维，恶性循环的结果就是：待在这个环境中时间越久，就越找不到更好的工作。

你也许会说：即便一个压抑的环境，他难道不可以积极面对吗？必须辞职吗？那你有没有想过，如果他是积极面对型思维的人，老板最开始怎么可能会不喜欢他？

也就是在这个时候，我想明白了，当初我的领导为什么不喜欢我，也许就是因为：我的劣势超过了我的优势，或者说我根本没有让她看到满意的地方，工作中不断地出现问题，不断地无法达到她的预期……

在职场工作4年，对于每位领导是否喜欢我这件事，我内心有一个判断标准。我没有遇到过那种“没有情绪展露”的领导。

影响每个人做职业选择的因素不同，有的人是将收入排在第一位的，只要给我很高的收入，管你对我怎么样，我都接受；而我排在第一位是人际关系正常，我无法在一个人际关系扭曲、不正常的环境中做任何工作，因为我讨厌在工作中还要花精力处理这些事。当然，我不期待职场环境特别好，只要正常就可以了。

职场上要允许存在“不喜欢”，不能因为职场是工作场，就不允许自己有情绪。有情绪了就面对，能解决的就解决，解决不了的就离开，千万不要被“职场只要好好工作，其他的事儿都不是事儿”所绑架。

更何况，职场上的人素质高低不同，你何苦去忍受那些也许素质不如你高的人呢？

## 6. 下雨了，身体会湿湿的

北京最近一直在下雨。我从外面谈事儿回来，浑身都湿湿的，对丁老师抱怨说："这种天气真不应该出门。"丁老师说："你现在这么矫情了吗？下个雨，怎么还不能出门了。"

是啊，为什么下雨这样的天气都会成为我工作的障碍呢？

当我这样想的时候，脑海中就像过电影一样，有3帧画面让我印象深刻。

### 第一帧画面。

在我读初中的时候。有一天晚上，爸妈做了一桌子菜，其中有一盘菜是鸡腿，我和弟弟因为都想多吃一根鸡腿，起了争执，两个人吵着吵着就哭了。爸妈知道缘由后，没有批评我们，也没有教育我们，而是对我们俩说："你们两个都去门口站着。"

也许因为父母是老师的缘故，这个画面特别像上课没有好好听课被罚站。我和弟弟就乖乖地站在门口哭，一会儿哭累了，我就向父母申请："能不能让我们进屋？"我忘记了那顿饭后来是怎么吃的，只是记得当时瓢泼大雨，我和弟弟的哭声夹杂雨声，此起彼伏。现在想来，仍有一种很悲伤的美感。

我比弟弟大8岁，无论那个鸡腿本来该属于谁，都应该是我的错，姐姐怎么可以为了这点小事去和弟弟吵闹，但是我父母不管，只要两人吵架了，就一视同仁，全部惩罚。

直到我快30岁时，我才知道父母能做到如此“一碗水端平”有多难。

也是因为这帧画面，我从来都认为父母是非常爱我的，和爱我的弟弟一样，哪怕后来也有一些事情让我觉得可能没有绝对的公平，但只要一想起这帧画面，我就觉得：没事，他们只要做过这么一件事，就够了。

### 第二帧画面。

那个时候，我已经在北京工作了好几年。有一次出地铁的时候正好下雨，等了很久，雨也没有停的意思，地铁站周围也没有卖伞的，打车也打不到……最后，我做出的决定是冲出人群，踩着雨水跑回家。

那天晚上雨一直没有停，当我回家之后，听到更大的雨声，我很庆幸自己做了那么一个冲动的决定。其实，这个决定没有什么，雨天里没有伞的孩子只能拼命奔跑。当时，地铁口有很多女生在等男朋友来接，而我一个人勇猛地跑出去，相比之下，这个决定似乎更难、更特别。

其实没什么的。无论你周围的人怎么样，高兴的时候，你就开怀大笑；伤心的时候，你就放声大哭；下雨的时候，你就拼命奔跑，我们不能让周围的人加重自己做选择的难度。

第三帧画面。

在我创业的第一年。我去海淀区社保局办业务，出门的时候丰台区艳阳高照，没想到刚办完业务，天降瓢泼大雨。我等了很久，雨依然在下，丝毫没有停下的意思。我想试试看能不能打上车，如果能打上车就好说了。天遂人愿，车打上了，但新的问题出现了：我怎么从办公区的门口跑到社保局大门口？两者距离比较远，加上犹如拳头般的雨点砸在脑袋上，如果这样跑出去，估计走不了几步就睁不开眼，看不清路了。

于是，我开始向周边人求救。我身边站着一个中年女人，她有一把单人伞，我知道伞很小，但没有办法的我还是走过去对她说："我能不能和你一起出去啊？你只给我一点点伞边就可以。"那位姐姐说："不行啊，我这把伞太小了，我这包里都是重要文件，太怕淋湿了。"可她是我唯一的机会啊，举目望去，没有第二个人有伞了。于是，我只能继续"强迫"："我的车要来了，这么大的雨，我跑不出去。"也许她看到周围的人都在看着我们，她小声说："那好吧，咱俩一起走吧，估计都会淋湿的。"

果然，我们身体的一半都在伞外，几分钟的路上我们一句话没说，我认为她内心肯定很不情愿、不开心。当我们走到大门口，我看到车的时候，就想离开她，赶紧跑进车里。这个时候，她突然拽住我说："你跑什么？你的车来了吗？你又得淋湿啊！"那一刻，我真的很想抱抱她，说声谢谢，无奈雨太大，我只说了声："那就是我的车！"然后就跑过去钻进了车里。

而今晚，我有伞，雨也不大。当我在外面安全稳妥办完事情，回到特别舒服温暖的家时，我的感受竟然是：下雨了，就不要出门了，会弄得身体湿湿的。

"下雨了，身体会湿湿的。"那个站在家门口和弟弟一起罚站的女孩不会说；那个别人都在等男朋友来接，她却冲出人群，淋着回家的女孩不会说；而那个厚着脸皮也要蹭一点伞边的女孩更不会说。

姑娘，这句话，你可以收回了。

## 7. 坚定是因为我一直在场

和嘉潞姐聊天，她说有一次复旦大学的一个博士问了一个让她印象极其深刻的问题：为什么你对投资这个事情这么坚定?

嘉潞姐说："这个问题问倒我了，我从来没有想过这个问题。"当时她马马虎虎地回答了一下，然后就在无数个深夜思考这个问题。终于有一天，她想明白了：之所以她对投资这么坚定，是因为她一直在场，她从来没有离开过"投资"场，用她的话来说，就是"我每天睁眼闭眼就是几个亿的事情"。

这让我想起，很多人也说过我很坚定，好像每天都有使不完的劲儿，拥有无止境的热情，但我知道，我的这种坚定是分"场"的。

比如，写作这个场，我是很坚定的，到目前为止，我已经写作13年，虽然有几年写得比较少，但也在写的状态中；

比如，演讲这个场，我就不坚定，因为我做了3年之后，就很少涉及了，不在场了；

比如，英语这个场，我也不坚定，哪怕当年高考我考了140多分，哪怕我靠感觉都可以把题目做对，哪怕很多人说过我在英语上有天赋，但我高考完就放弃了，就不在场了……

坚定，就是因为在场，没有下过场，所以对这个局里的细枝末节都了解得很透彻；因为没有下场，所以凭借“手感”就可以打败很多人；因为没有下过场，底气足到让刚刚进入的人发颤。

最近，让我对感受更笃信的是做直播这件事。

2020年，我频繁地做直播，导致的结果就是对直播脱敏了，不再享受这个过程。于是，我就渐渐淡出了。2021年想要直播的时候，突然发现直播的功能都不会用了，不会连麦，不知道从哪里发福袋，更不知道怎么控制优惠券的数量等，这些都变成了问题。只因为很久不在直播“场”了。

大家看《乘风破浪的姐姐》的时候，可能会觉得有些姐姐好像不如从前招人喜欢了，让我们的喜欢破灭了，其中很重要的一个原因是她们已经不在娱乐“场”很久了。当你做了很久其他的事情，再回来的时候，势必有一个重新适应的过程，你身上曾经的风采也需要时间补回来，甚至曾经发过的光都得重新生发一次，而且比曾经的光芒更加耀眼，这样才能赢得大家的期待。

这在王家卫的电影里体现得淋漓尽致。很多人说王家卫成就了演员最灿烂的时刻，我觉得一切都是他营造的场在起作用。在这个场里，演员都是最美的，也是最脆弱的，他们在他的电影里展现了自己的高光时刻。脆弱又灿烂的场，一旦不在，这个演员身上就没有光了。比如很多演员多年后去演其他电影，怎么看怎么不对劲儿，我认为不是演员的演技差了，就是场不对了。

如果此刻，你正在经历事业低谷，而你又非常热爱这份事业，你唯一能做的就是不下场，只要你还在场，一切都有机会，甚至可以说时间本身就是你最好的机会。而你一旦下场了，再回来，就不再是继续，而是重新开始，这意味着你得付出更多、更多……

## 8.唯有走入江湖之中

某一天，我的好朋友告诉我，她要转行做房地产销售了。我听到之后的第一反应是：不，不要。一个从来没有做过销售的人，上来就要做房地产销售，简直要命。但是她告诉我，她就是想试一试，如果不行，就再回来。看她这么坚决，我只能说，行吧，那你就试试吧。

我敬佩一切做销售的人，哪怕是做微商。当你做销售的时候，面对的就是“真枪实弹”的现实。当你需要别人从腰包里掏钱的时候，你才知道一分钱有多难拿。

我弟弟大学毕业后的第一份工作就是销售，到目前已经做了两三年了。当我知道他要做销售的时候，既开心又难过，开心是因为这会是他成长最快的方式；难过是因为他会经历很多的拒绝、失望和自我怀疑。幸好，他的意志力足够强大，几年过去，依然在销售一线，而且做得热火朝天。

而我真正经历“真枪实弹”是从2020年开始的。我辞去了有光环感、别人给我发工资的工作，开始通过创业赚钱，每一分钱都得自己辛苦去赚。结果就是，在过去的一年，我对人性的感受之深，是将过去几年的感受叠加起来都无法比的。

现在回想，当年在职场，简直就是在象牙塔，尤其是做电视节目的时候。无论你是多么大的老板，还是多有名气的明星，你演讲能力不好，就是不让你上节目。而现在面对的工作场景是，哪怕单价9.9元的东西，也会有人和你讨价还价；哪怕一个人非常富有，也会和你讨论一些让你嗤之以鼻的事情；但，这就是真实的生活。

一个没有做过销售的人，没有资格说自己见识过真正的人性。人性的复杂，在金钱面前，一览无余。毫无意外，你一定会失望，但现实就是江湖，它就是会有险恶的一面。此刻，你怎么做呢？

没有其他办法，唯有走入江湖之中。

自己创业之后，我开始遇到各种各样的“白嫖”之人，他们“白嫖”你的时间，给你画一张大饼，让你进入他规划的“梦想”之中，然后企图空手套白狼一般掠夺走属于我们的东西。每次遇到有这样意向的人，我就会使出“江湖武器”——直接生猛地要出我的最高价码。本来如果他不“白嫖”，我可能只想要2万元；一旦他露出“白嫖”的嘴脸，那我一定要到10万元，直接让对方放弃对我寄予的最后那点希望。

所以，在某种情境中，我会显得“狠”，可是这种狠就是我走入江湖的态度。我从来不伤害别人，不欺蒙别人，但倘若你先对我险恶，那不好意思，我也奉陪到底。

在过去的一年中，有些朋友说我变了，变得世俗了，没错。世俗是因为你不在象牙塔了，你在江湖里了，你要自保，你要生存。你好、我好、大家都好的世界，和销售没有关系；对人心的洞察和坦然应对，才是一个有销售属性的在场人必须要有的姿态。

也许有年轻朋友会问：可是我看不出来人生的江湖，怎么办呢？

答案是，走入江湖之中。一次次地受伤，一次次地恍然大悟，一次次地失望，一次次地谈判，最终形成了自己的经验和体悟。

从这个层面上来说，我应该对那个想做房产销售的朋友说：其实没关系，你去，去到江湖中，看看自己身上的技能和武器是否够用？也去看看你的对手是微微一笑，还是额头紧皱？

不去，你怎么成为“江湖盟主”？

## 9. 当你需要祝福的时候，我一定在

今天早上醒来，我在蒙眬中刷到了一条微博，大致讲了这么一件事：

某位博主，很意外地刷到过一位很普通的退休老人的微博。微博的内容也很普通，大致就是今天吃了什么饭，生病的妻子给他说了什么话，或者就是今天来亲戚了，给他送来两罐蜂蜜等，都是日常琐碎的小事情。当时这位老人的粉丝只有一两个人，于是这个博主就随手关注了这位老人，觉得看看别人的生活也挺好的。

就这样一天天、一月月地过去了。偶然一天，博主发现这位老人的微博有1000多个粉丝了，但奇怪的是他的每条微博下面基本上还是零转发、零评论、零点赞，博主想可能是些假粉吧，毕竟有时候微博会分发一些机器粉丝。

直到今年过年的时候，博主又刷到老人的微博。其中，一条博文下面有评论了，都在说：爷爷，新年快乐。新年寒暄过后，老人的微博又恢复了零转发、零评论的状态，老人依然自言自语式地在微博中记录着自己琐碎的日常。

早上看到这个故事的时候，我还没有完全清醒，但看完这个故事，我内心某一块地方松动了一下，原来这个世界上真的有人在过着我梦想中的生活。

我做自媒体已经有五六年的时间了，其间断断续续的，甚至有一两年没有写过微博，也没有写过公众号文章。但不得不承认，在这几年的时间内，我还是或多或少地被“评论数”所捆绑。

如果我写了一条微博，没有人评论，我会怀疑：这条写得是不是不好？

如果我发了一条朋友圈，没有人评论，我会想：是不是大家不喜欢我了？

如果我写了一篇公众号的文章，没有人评论，我会想：大家失望了吧，写得很烂吧？

好在，随着我经历的事越来越多，我把这个事情看得越来越淡，但即便淡，也没有到轻松自如面对的程度，每次看到少量的转发和评论的时候，只能不停告诉自己：我要做“长期主义者”，不要在乎一两次的得失；每当看到大量的转发和评论的时候，就开心得想要宣告全世界：你看，我终于被大家看到了。

我用“长期主义”和“意志力”让这种“在乎”的感受变淡了，但是很多人却没能走到这一步，就放弃了。

我身边好多朋友都非常优秀，我经常建议他们开自己的自媒体账号，不到一个月的时间，99%的人都会放弃，给出的理由出奇一致：写了也没人看，没有动力了。

我经常劝慰他们：首先，没人给你点赞和评论，不等于没人看。我自己就是一个不太习惯给别人点赞的人，你的内容好到我都要截图收藏了，很可能也没有点赞；其次，写了没人看，真的就是内容不够好而已，整天关心别人是否关注自己，不如想想怎么写出真正优质的内容。

我想这位老人微博的内容，一定是好的，不然他的读者不会记得在过年的时候祝福他：新年快乐。每个人都或多或少在他发布琐碎的日常记录中感受到了生活的某些本质的东西吧。

我觉得老人和读者的距离才是人与人之间真正舒服的距离：平时不冒昧打扰，哪怕再喜欢你，也和你保持着一定的距离；当你需要祝福的时候，我一定在。

可是，人总爱失去分寸。在喜欢的时候，疯狂地喜欢；讨厌的时候，直接远离，或者是忽上忽下、忽冷忽热，让关系总是处于紧张的状态。

我很希望和我的读者、朋友达成某种共鸣：你们不用告诉我你们在，因为你们不想让我被你们所体现出来的流量数据所绑架；而我，踏踏实实做自己想做的、写自己想写的，不是为了获得你们的点赞和评论；那个真实的我，才值得你们喜欢。

咱们别“内卷”，卷的结果是我生产不出好内容，而你们也看不到好内容。我想成为那位微博老人，孤单书写，背后却有一群叫不上名字的人在默默关注。

## 10. 调整自己这件事，不值得一提

熟悉我的人都知道，我是一个比较固执的人，倘若我做了一个决定，无论谁来劝我，都没有一点效果。倔强有倔强的好，就是做事效率高、行动快。当然，倔强也有倔强的坏，就是很难改变自己，经常会困于自己已经形成的决定之中。

我太在意调整自己这件事了。本质上来说，可能是因为自傲，是一路走来都很顺利所养成“我肯定可以”的这份骄傲，也可能是只要我想做的事情基本都能顺利实现，有点自己就是运气好的窃喜。人嘛，其实很笨的，总是把个人的成功归功于自己有多努力，把个人的失败归功于外界环境对自己有多不友好。这种“自大和自傲”是我到了30岁左右的时候，才真切地感觉到。

有一天，看到我很喜欢的企业家刘楠谈创业，她说：“每个创业者都会把公司当作自己的孩子来对待，一旦遇到特殊情况，我就会迅速调整自己。我不太吝啬于调整自己这件事，我觉得调整自己这件事，不值得一提。”看到她说这段话的时候，我内心的又一座

冰山松动了。我和她恰恰相反，我太吝啬于调整自己了，我觉得我怎么可以调整自己呢？

如果和别人谈合作，对方谈合作的姿态我不喜欢，我就直接会说："算了，咱们还是暂时先别合作了。"其实，我当时的想法是：我不喜欢你，我为什么要和你合作呢？听起来是不是特别可笑？一个30岁的人，还不能接受和不喜欢的人打交道，可是我的思路是：我创业就是为了我开心的，我为什么要和不开心的人合作呢？这样说来好像也有道理，但朋友劝我说："你就是没有被逼到绝路，如果你这个月没有这个合作，就没有任何收入，你还会不合作吗？"我斩钉截铁地点点头说："会啊，我还有积蓄啊，暂时能养活自己啊。"

以前之所以这么倔强，这么吝啬调整自己，不是机会多少的问题，而是我觉得不调整自己、坚持做自己，是最酷的事情，这是我的人生审美。但现在回看，这不是最酷的，人生最酷的应该是你能自由决定自己的状态，你是一摊水，你可以成为圆形，成为方形，也可以成为冰，成为河流，而不是必须成为一块石头。

这不仅是我对外合作时的状态，也是生活的状态。恋爱期，我是特别情绪化的，会有很多别人捉摸不到的小情绪，这让我男朋友非常抓狂。我首先想到的不是我要调整这种情绪状态，而是告诉他："这就是我面对情绪的方式，你能接受就接受，不接受就算了。"时至今日，我们已经在一起4年了，他一直包容我，我之前觉得这很酷，是因为我觉得在恋爱中就要有自己的态度、自己的坚持、自己的样子，而不是为了赢得他人的爱而委曲求全。现在回想起来，很想摸摸4年前那个小女孩的脑袋告诉她：你是多么幸运，才有一个这么好的男孩子不离开你？

现在我终于明白，把自我放得很大，不愿意去调整自己，本质上除了自傲，还有自私。你把一个小小的个体放得那么大，有什么意思？不就是小小一个躯体，和一个没有那么聪明的脑袋嘛！

最近在读历史书，有时候读着读着我就在想，历史书几千万字，甚至几亿个字，这么多字里面可能连我的名字这两三个字都不会有，把自己看得那么重，有必要吗？完全没有必要。

于是，握握手，愚蠢的你，终于又长大了一点点。

# 第二章

# 你要让你心中的那团火持续燃烧

## 11.有些经历，是会后悔的

我是一个特别爱折腾的人，因为我信奉的原则是：反正不折腾不知道结果怎么样，就使劲儿折腾，折腾成功了，就获得了经验；折腾失败了，就获得了教训。

在30岁这一年，我觉得这个观念是有问题的，因为有些经历，你最好不要有，因为由其导致的负面影响来得容易，但消除难。

我的职业经历非常简单，研究生毕业后，在电视行业工作了近4年，然后转行去了一家创业公司。当时的初心也简单，一是很喜欢创始人的工作风格，想和他一起做一番事业；二是内心有创业冲动，想看看创业公司到底是怎么样的。

的确，在创业公司，我学到了非常多的东西，甚至颠覆了我很多常规的认知。在29岁那年经历的那些事，我觉得特别棒，因为我经常会发出一些感慨，比如：啊，这个事情原来可以这样做！啊，这个事情原来可以这样理解！啊，商业原来是这么回事！

作为一个充满好奇心的人，这种感觉非常好，以至于当时我的朋友都赞美我说：你最近状态真不错，感受到了你在飞速成长。现在想来，不是“飞速成长”，而是“飞速变化”，有些变化并不等于成长。

我创业是按照我学到的商业逻辑进行的，一路验证下来，我发现是有效的。工作在疫情期间冷启动得很顺利，没有让我经历特别的至暗时刻。

可见，看一件事情到底是不是合适的，要拉长时间去检验。不可否认，有些经验的确会帮助到你，只不过这个“帮助”可能只是短时间的，甚至有一天，你会为此而后悔。

我不知道大家是否经历过那种感受，就是你接触到一个错误的认知，可能只需要5分钟的时间，可你把这个错误认知从你脑海中剔除，可能需要5个月的时间，甚至还要看个人运气，毕竟有些人一辈子可能都意识不到那个认知是错误的。

这就是后悔的感受。就是你得到一个东西用了一两年的时间，你把它从你身上完全剔除，可能需要三四年，甚至更长的时间。从这个角度上来说，我认为并不是所有的折腾都能让人成长，有些折腾的弯路，一旦走了，就没有回头路。

我没有任何批评我上一家公司的意思，甚至非常爱那家公司，只是我在各种合作中学习到的东西不适合我而已。它也许适合大多数人的商业逻辑，但对我个人的长期发展来说是不合适的。夜深人静的时候我会想：如果我没有那一年的经历，现在也许真的就是完全不同的样子，也许特别好，也许特别差，但绝不是现在这样处于在夹缝中重新寻找自我的阶段。

我是幸运的，我有能力完成这种觉知，并且找到了一条适合自己的路。可我不认为大多数人能够像我一样幸运，能够意识到过去的经历在自己身上产生的化学反应。也许有些人和我经历过的一样，但现在还为自己学习到新东西而沾沾自喜，殊不知，就是那些新东西，让他成为自己所不了解的自己。

30岁的时候，我不再鼓励年轻人去试错，试错最大的成本不是机会成本，也不是时间成本，而是你的经历成本。经历一旦长在你的身上，你就成为经历本身，就在被经历所塑造，而这是最难逾越的。

有些看似很好的经历，你也会后悔。因为你会长大，会看到新的世界，你也会在时间中检验出真正的答案。

这是个无解的题目，对我最大的教育就是我可能不那么崇尚折腾、崇尚尝试了，有些成本是我之前没意识到的，它们太重，可能我承担不起。

## 12. 生活是会滋养人的

2021年过年的时候，我给自己立了一个目标，就是：每周至少请一位朋友来家里吃饭。之所以这样做，是到了我这个年龄，越来越觉得生活是会滋养人的，我不想只做一个围绕事业转的人，而且在我意识到我现在做的事情是一件注定细水长流的事情之后，就更不想只专注于工作了。

很多年前我就有过这个想法，之所以没有做，一方面是因为觉得太麻烦，要买菜、做饭、洗碗，太累了；另一方面是没有心情，我还没有准备好迎接别人进入我的生活。紧张刺激的创业第一年过去之后，我突然就想开了：我想好好生活。好好工作和好好生活这两个方面我应该是有能力兼顾的。

接待的第一个朋友是我的设计师，因为是远程合作，所以一同工作了一年的时间，都没有能在一起吃上一顿饭。当她从北京西城跑到东城来看我的时候，我正好去超市买酱油，她把自己包裹得很严实，还戴着口罩，但我还是在人群中一眼认出了她，就是那种熟悉的感觉，不用说话就懂得。她也不立刻进家门，而是提着礼物，和我一起去买酱油，然后一起回家。从中午12点，一直聊到下午5点，两个人就窝在沙发里聊家庭、聊孩子、聊工作，将过去一年所发生的事情串成了一条线。

接待的第二个朋友是丁老师的高中同学，典型的北京人，也是第一次见面，也许是家宴的原因，彼此没有任何的生疏。我吐槽丁老师，他就给我丁老师支招，还告诉了很多丁老师的趣事，让我从另外一个角度重新认识了丁老师。说来很惭愧，这是我第一次和丁老师的朋友吃饭，之前倒是见过一些，但能坐下来吃顿饭的还是第一个。

第三波接待的，不能算朋友，而是丁老师家的亲戚。以前吃饭都在饭店，第一次来家里，我也是格外紧张，早早起来挑选衣服，不能太家常，也不能太职业；仔细打扫卫生，希望不要让他们觉得我在家很少干活，丁老师则在旁边说："你自然点，以后日子长着呢，你又不能一直装下去。"幸好，丁老师家人也不是多事的人，大家在一起愉快地聊天，聊着聊着几个小时也就过去了。让家人来看我们的新家，就是为了让他们放心，用事实告诉他们：我们生活得很好，甚至可能比你们都要好，就不要牵挂我们了。

然后接待的，是我的大学"死党"。我们认识10年了，我告诉丁老师说："这个男生，是在你出现之前，付出全力照顾我的人。"说这句话的时候，我真的差点掉眼泪。几年前，我从上海来北京工作，为了能找到房子，他骑着自行车在寒风中给我找房子，坐地铁去车站接我，怕我饿，还给我买来肯德基。那时候，很多人说我们两个应该在一起，但我们比谁都珍惜这段友谊，太难得了。晚上丁老师听完我与“死党”的故事之后，便说：“我终于明白你们为什么这么好了。”

我们都是彼此把自己的心掏出来给对方看的人，最终，却没有成为恋人。

我想在新的一年，好好爱身边每一个人，好好和他们聊聊天。不知道过了今年我还会不会继续这样做，但不得不承认：这样做真好，内心的满足感和幸福感是什么都无法取代的，是独一无二的。

人间烟火气，最抚凡人心。每一顿饭都有每一顿饭的力量。

有闲和朋友吃顿饭，就是我今年最大的梦想。

## 13. 你如何做一件事，就会如何做一切事

和朋友聊起买房的事情，他说在北京已经找了快半年了，一直没有找到合适的。最早的时候，只想找新房，不接受二手房，后来发现新房性价比不高，就开始专注找二手房，可不是位置比较偏僻，就是楼太破。总之，让他非常纠结，磨蹭中大半年时间就过去了。

我和他说我买房子最多两个月搞定。他非常惊讶说："这么大的事情，几百万呀，必须得深思熟虑啊！"我笑着回应他说："你很多问题就是出在深思熟虑上。"

他在现在的岗位上已经工作了5年，工资基本没有增长，虽然业务已经极度熟练了。前两年，我们几个朋友就建议他赶紧换个工作，毕竟工作能力没问题，但收入太成问题了。他说考虑一下，然后一考虑两年时间过去了。现在的收入还是两年前的收入水平（平台原因）。如今买房的时候，突然意识到这些年的积蓄太少了，恨不得马上换一份工作。

谈恋爱呢，也是一年。一般来说，一年多之后，两个人就可以

同居了；如果非常喜欢彼此，也磨合一段时间了，在买房子的时候，就可以考虑要不要一起买了。他还是一如既往地深思熟虑，对同居抱有某种恐惧，买房子的问题上也想得比较认真，哪怕准备好在结婚之后两人一起买，现在也要有一套属于自己的。

迪士尼CEO在自传《一生的旅程》中有一句非常精辟的话：你如何做一件事，就会如何做一切事。可不是吗？你如何对待你的恋爱，你也就如何对待你的工作，你也就如何对待你的资产……

我和他形成鲜明的对比。我做什么事情，都是先去做再说，哪怕中间遇到问题，我甘愿承担责任。谈恋爱这件事情也是一样，当我发现前男友有些问题是根深蒂固不可改变的时候，就直截了当地提出了分手。当我遇到丁老师的时候，觉得他很优秀，很快就确立了关系。熟悉我的朋友还挺惊讶的，他们觉得我在其他事情上雷厉风行是意料之中的事情，但在恋爱上也这样果断，是他们万万想不到的。

你如何做一件事，就会如何做一切事，无论这个事儿是大还是小。有时候回家，听到爸妈为了是否应该节省几块钱吵架，我的解决方案不是劝说他们，而是直接给他们转一笔钱，然后他们俩因为觉得不好意思，也就什么都不说了。

我做菜也快。很多朋友不愿意和我一起做饭，总觉得连切菜都很有压力，仿佛有一个闹钟在身边提醒你：赶快哦，赶快。其实真的就是个习惯问题，快节奏的人好像内心有一个齿轮，总是按照某种频率在走，即便你想故意让它慢一点，也没什么用。

基于这一点，我觉得我们需要认真对待每一件事，因为对待一件事的态度一旦“传染”，一切事情也就有了样子。

我的写作课上有一个小伙伴很有意思，每次交作业都是踩在截止的时间点上交，以至于她自己都看不下去了，在群里呼叫：“为什么我总是拖延到最后一刻？”是啊，因为你工作上拖延，入睡拖延，看书拖延，可不交作业也会拖延吗？

我们太小瞧一件事情的价值，也太夸大一切事情的价值。殊不知，有时一件事情，也就等于一切事情。

## 14. 因为你有一片高地要爬

这么多年，我始终保持着一年200本书的阅读量。当然，其中几十本是精读，剩下的都是泛读。我也听到过很多人问：你为什么那么喜欢读书？是因为写作必须要大量输入吗？好像是的。是因为长期不读书，心里没底吗？好像是的……但这些答案好像都是隔靴搔痒，没有说到痛点上。我也一直在找那个让我痒痒的点。终于有一天，那个点被我找到了，那就是：阅读是我的力量来源，而“力量的来源”的来源是巨大的好奇心。

我特别喜欢的一本书是《人类简史》，基本上会推荐给身边所有希望我给他们书单的人。之所以推荐它，有很多原因，最基本的原因就是，这本书是从物理学、化学、生物学、人类学、生态学、政治学、文化学和心理学等各个层面来解读人类发展史的。我们经常说，书籍就像一个万花筒，我看一本书的时候就会有眼花缭乱的感觉，不断地惊呼：怎么还可以从这个角度来看啊？这个角度可太有意思了！

有读者说很喜欢我看问题的角度，但每个新奇的角度都是过滤掉了非常多滥俗的角度之后才有的。我目前的思考角度只能做到两个学科之间的交融，比如心理学和历史学，或者心理学和文学，但也止于比较浅的层面。如果涉及更深的两个学科之间或者两个以上的学科之间的交融，我做不到，也就是说还没有打通两个或者两个以上学科的通道，因为我的阅读量还不够，思考深度还不够。

之前有新闻报道，美国的材料学科家特别想研制出一种“刚柔并济”的材料。大家都知道，一般“刚”的材料特别容易碎，而特别“柔”的材料则刚度又不够，这就很难办了。不过，经过几十年的努力，他们终于在一种水下生物——螳螂虾身上找到了答案。螳螂虾能用自己的钳子非常轻易地击碎水下的贝壳、瓶子等特别坚固的东西。材料学家仔细研究了螳螂虾的内部构造，从而使材料研究有了新的突破。

我特别喜欢看这样的新闻，就像小时候第一次听说飞机是参考鸟类飞行原理发明出来的一样，心里会有一种惊喜感：怎么还可以这样？螳螂虾怎么还可以帮助研发新型的材料呢？

在得到APP上，听到过一个事：浙江大学的一群老师研究出一种软体机器人，可以在海底工作45分钟之久。软体机器人是和硬体机器人相对的，所谓硬体机器人就是那种沉在海底的大铁箱子。一群研究者就想知道能不能有相对柔软的机器在水下作业，研究来研究去，他们竟然从一种水下深海鱼身上找到了灵感。于是，通过模仿这种鱼的相关结构，他们成功研制了软体机器人。

我之所以特别爱听这种故事，或者说对这种故事印象深刻，是因为我拥有强烈的求知欲和模仿欲。我很想有一天在我讲一件日常吃饭的小事时，能够从物理学的角度切入；或者有一天我想生产一款产品的时候，能够从我新了解的领域获得启发。所谓创新、变好、独特，都是因为你会让想象不到的东西发生碰撞，如同《乘风破浪的姐姐》中的每位姐姐为什么那么想要挑战自己，唱歌的要挑战跳舞，跳舞的要挑战唱歌，因为这样足够精彩，足够吸睛。

网络上流传罗振宇一句话：世界不是由领域构成的，而是由挑战构成的。其实这个世界本质上没有领域可言，当你面临无论何种挑战时，你会发现：你会动用你所有的技能来解决它，而“所有技能”有多少，基本上取决于你知道多少、熟悉多少、深入研究过多少……

这便是我喜欢读书的原因，因为我心中有一片高地要爬，作为在山脚徘徊的人，我不能骗自己说：我不想去山顶。

## 15. 你要让你心中的那团火持续燃烧

和一个做线上教育的同行聊天，他非常苦恼地感叹道：每次发的朋友圈，都很少有人点赞，我都坚持不下去了。

我很开心他能够和我聊这么细致的问题，这不是场面话。同时，我很乐意给他一些建议，因为我也曾经历过这样的心理关卡。

对于我们这种做线上教育的人来说，创始人的朋友圈早就不是个人财产，你不能今天发自己难过了，明天发自己伤心了，大家会通过你的状态来认识你这个人，它是一个非常直接的“社交名片”，也是一个很重要的自媒体平台。

既然是自媒体和企业的公共财产，就可以理解为它是公司的产品。比如说你们公司生产了一种蜡烛，你不能保证所有看到过它的人都买它吧，但你能保证的是，你能让你的这款产品在你的朋友圈持续曝光，一次没人买，两次没人买，100次之后也许就有人买了。

所以，是否被点赞，点赞多少，都不能作为产品的检测标准，它唯一应该有的标准就是：曝光量又增大了吗？如果增大了，就够了。

这是从很底层的角度来说的，但我还想和他分享的是更情感化的层面，就是：别人是否点赞，别人是否关注，别人是否转发，都应该毫不影响你的坚持，你都不应该把它放在心上。因为你做的这件事在别人那里只是经过一下，而在你这里是全部，必须全力以赴。

前些年，我做过一个很有意思的实验。我在朋友圈发布了自己对读书和生活的一些思考，多少有点悲观失落的成分，结果点赞的概率非常小。当我发了和某位明星的合影，或者哪位大佬对我说了什么话，或者我取得了什么成绩，点赞的人就超多。

朋友解释这种现象就是：没有人希望你不好，而且你好了之后，都想靠近你。

当你感受到了这种人性之后，你就知道，你要做的就是让自己心中的那团火持续燃烧，无论外面是狂风暴雨，还是艳阳高照，都要让它肆无忌惮地燃烧，恣意地燃烧，直到野火燎原，横扫一片。

听起来很酷，但怎么做到呢？我分享我的4个很现实的感受：

（1）去结交高能量的人。很多时候，你会怀疑自己，是因为你处在比你能量低的人群中，人群不匹配，会拉低你的能量值。反而是能量高的人，希望你好，鼓励你，因为他们深深懂得：利他就是最大的利己。

（2）只用目标来驱动自己，不用情绪。比如你给自己设置这个月的营业额是10万元，那就拆解目标，聚焦分解目标的达成，这中间用什么办法，有什么情绪都可以忽视，只要目标达成就可以。强烈的目标感会激发一个人的斗志。

（3）要告诉自己：你本来就是少数人。“二八法则”很准的，任何事情都是80%的人会被淘汰，只有20%的人被留下。但你要记得：你的目标从来不是20%，而是5%。在这种情况下，你很容易找到做人做事的坐标。

（4）还在商业场景中，你没那么重要。随时随地调整自己，别人对你怎么样一点都不重要，重要的是你的结果、你的企业、你的战略。你在这个时候就是个工具人，工具人就不要在乎面子，只在乎这个工具能够带来多大的生产效率。

也许最后还得加一条：所有的容易受到伤害，只是因为受到的伤害还不够多，当伤害再多一些的时候，你就会发现，自己曾经撕心裂肺关心的那些事情都是鸡毛蒜皮的小事情，根本不值一提。

## 16.好好使用容貌，别浪费

今天一个关系很好的读者朋友给我发了一条信息，大概意思是她很难过，因为她非常用心地在微博上发了一篇文章，阅读量却只有2000次左右，而平时随便发一张自拍照片，一会儿阅读量就过万了，她赌气说："我一定要努力写出一篇阅读量上万的文章。"

我笑着劝她："这没必要。"随便一张自拍能上万，也是一件非常值得高兴的事儿。比如我发个自拍，可能都没什么人看，凡是别人喜欢的，一定是有原因的。写文章并不比自拍高贵，因为这两者完全是属于两个维度的东西，不具有可比性。

在自媒体行业里沉浸得比较久了，就会明显地感受到：美貌，在某种程度上是流量体的基本素质。尤其是在短视频时代，要么你就丑，或者会把自己打扮得特别丑，让自己丑得有个性，大家也许就会喜欢你；要么你就特别美，或者会把自己打扮得特别美，让自己美得赏心悦目，大家也会喜欢你，自然与你相关的其他东西都会火起来。

短视频平台上，有很多靠情感文案胜出的情感博主，文案内容都差不离，无非就是互相抄袭，唯一的差别是我比你好看，或者我的声音比你的好，或者我的拍摄场景比你的质量高。

不可否认，有美貌优势的女性，就是会较快地获得青睐，但只有美貌肯定是不行的，要想拥有真正的“美貌溢价”，“美貌+”才是女性优势的“王炸”。

那么，在短视频时代，如何获得“美貌+”的优势呢？

### 1.“美貌+专业”，就是最强竞争力

如果想让你的美貌，看起来很贵，方法之一就是在某个专业领域做得很深，形成专业魅力。

《令人心动的offer》里面非常火的女律师徐灵菱，为什么热度一直居高不下？就是因为她在律师这个领域里面有深厚的根基。1980年出生的她，在2008年，也就是她28岁的时候，就已经获得上海市十佳公诉人称号。能力有没有一出口就知道，在节目中她言语犀利，迅速让她圈粉无数，而让她真正出圈的还有美貌的加持。很多人都在关注她的穿搭、包包、粉底及口红色号。我很喜欢她说的一句话：“成年人的世界里，没有那么多童话，也没有那么多逆袭！”只有美貌相当于只期待童话和逆袭，太单薄了。

还有著名科学家颜宁。当年在《开讲啦》扒片子的时候，我一帧帧地听她讲话，听得入迷，甚至忘记了要做笔记。小时候觉得“科学家”这个词离我好遥远，感觉科学家都是年龄很大的人在做事，直到接触到她，才知道一个女人距离真正的科学家原来可以这

么近。

颜宁是绝对的学霸，本科毕业于清华大学，博士毕业于普林斯顿。在清华做了一系列科研项目之后，去了美国继续做研究，被聘为美国国家科学院外籍院士。在生物领域的成就，让她一旦站在聚光灯下，所有人就会在一瞬间透过她的容貌记住她。

为什么专业的人会有格外的魅力？因为专业的背后是整体素质的累积，是日复一日的耐得住寂寞，是日复一日的严格自律，是日复一日的对每件事负责，而这些会在你的身体里成为肌肉记忆，让你的美貌有内容，是沉甸甸的，而不是轻飘飘的。

一个有魅力的人格，一定是内外和谐的，正是这个“和谐”，让一个人拥有了真正的美貌溢价。

### 2.“美貌+性格”，会很快击中大众的心理

如果我问，在央视的女主持人中，你对谁印象最深刻？也许你会说倪萍、董卿，或者李思思，但对我来说，印象最特别的是王冰冰。和央视其他端庄大气的女主持人不同，王冰冰特别小家碧玉，甚至有点弱不禁风的感觉，但就是亲民的感觉，让她迅速击中大众的心理防线，从B站的宅男圈开始，迅速火遍全网。

我问过身边很多喜欢她的男性为什么喜欢她，大致答案都是：好看、性格好、爱笑。我问同样和她是记者身份的同性朋友，给我的回答也是：挺可爱的、没有攻击性、温温柔柔的。

知乎上有一个高赞问题：“为什么大家都喜欢性格温柔的人

呢？”其中，有一个回答是这样说的：因为她们把自己的戾气藏起来，是把自己的个性化收起来，给身边的人留有余地，让别人活得更舒展一些。当然这个回答里有一些修饰的成分，但还是说中了“内核”部分：性格温柔的人，大致都会把别人放得稍微靠前一些，把自己稍微挪后一点。

当然也不是说所有人都要温柔，把自己真实的性格展示出来就可以。比如，王子文就属于冷酷型的，冷冷艳艳的；虞书欣就属于可爱型，谈不上多温柔，总有些小鬼点子。性格无论好坏，只是除了美貌之外，如果你能让人多记住你的一个特点，就可以更迅速地留在大众心中。

### 3.“美貌+跨性别沟通”，会让效率翻倍

虽然说真正好看的女人，不仅吸引异性，也会吸引同性，但是不得不说，要想同时获得这两者的喜欢还是非常难的。

心理学上有一个“晕轮效应”，说的是对长相好看的异性做判断时，通常认为漂亮的人更有才，即便他们的言行并不比其他人聪明。然而，在面对同样漂亮的同性时，心理学家安德森和尼达做过一个研究实验，得出的结论是：长相出众的同性会被认为相比相貌普通者更笨。

我举双手承认，我就是“晕轮效应”的验证者。如果一个男孩干净帅气，我会觉得他一定很聪明，仿佛从他拿咖啡杯的动作里，就知道是一个机智男孩；但如果一个很漂亮的女生和一个丑点的女

性坐在面前，我会觉得颜值低的好像更有内涵。

这当然是一个错误的认知，但不得不说，很多人都被这种潜意识所支配。我去查过很多资料，为什么我会有这种“潜意识”？在慕尼黑大学的一篇心理学论文中，我看到这么一条信息，调查显示：我们评价同性成功时，人们更倾向于认为这受益于她好看的外表而非内在的品质，这就导致我们认为那些长得好看的人，是运气好，是靠美貌来获得机会，而不是智慧。

当然这种意识会被时间慢慢打磨，直到它回归到正常的轨道。也不可否认，大多数人都受这些潜意识的影响而不自知。如果恰巧你就是一个大美女，异性就是会对你有更大的好感，你要充分利用这个优势，做些有意义的事情，而不是像我开头提到的那位朋友说的“气死我了，我发自拍，都是男生在看”。

被异性关注并不意味着低级，我有一个做茶叶的女性朋友，还有一个做红酒的女性朋友，都是大美女，她们的客户主要是异性朋友，生意做得风生水起。

顺着人类的潜意识走，别总较劲。

美女在骨，不在皮。但假设老天给了你一副好的皮囊，也许是你这一生最大的幸运，好好使用，别浪费。

## 17. 我们都是永远有圆缺的月亮

有个读者给我写信，问：蓑依姐，你觉得我们应该接受自己的不完美，还是要改变？

这个问题，如果抛给20岁的我，我一定告诉你：当然要接受自己的不完美了，没有一个人是完美的，不要和自己过不去。更何况，很多你看起来的不完美，其实很酷，就像杨丞琳脸上的那颗痣，可真不完美，但性感呀！

但如果你把这个问题抛给30岁的我，我会坚定地告诉你：能改变就一定要改变，因为让自己发生变化这件事本身，就是一件幸福的事儿。

不是我这个人变了，而是我的衡量标准变了：20岁的我靠的是审美标准，30岁的我靠的是阅历。

我本身是一个脾气不太好的人，早期和丁老师相处的时候，甚至叫嚣：我就是这样古怪的性格，你能接受就接受，不接受就算了；当在一起3年之后，我已经成为一个脾气温和的人，哪怕发生鸡飞狗跳的事情，我都会很镇定。

在这个过程中我一直不断地调整自己，收敛内心的小我，把他的生命也包容进来，因为我渐渐懂得：未来我的人生注定离不开他，那就不要把他推出去，我来改变就好了。

回到最初的那个问题：我们应该接受自己的不完美，还是要改变?

我会给你3种答案，分别从不同的视角切入，你可以在其中，找到你最舒服，也最适合你实践的方式。

第一个答案：这个问题不应该是选择题，而应该是顺序题。

有一天，我去朋友家吃饭，她亲手给我做了一些饼干。我惊讶她的手艺如此之好，她却告诉我：别提了，整个过程还挺折腾的。原来是这些饼干按照正常的做法出来表面应该是光滑平整的，但没想到这次她做出来表面起了很多的包，她只能继续涂糖霜，凹陷的地方多涂一些，鼓包的地方少涂一些。

我听她讲的时候，脑海中就闪现了一个念头：这多么像我们的人生啊！因为不完美，所以我们才有了要改变的念头，才会去寻找解决方案，寻求一个接近完美的方式。

我相信少有女生能够接受自己做的蛋糕缺一个角，但大家也一定是先做，再慢慢调整。很多女生喜欢做陶艺，那么是否所有女生能接受陶面上的瑕疵呢？我想大都是吸取上次的经验教训，下一次再做时谨小慎微，避免上次错误的再次出现。倘若我们对待饼干、蛋糕、陶艺都能如此这般先做再调整，直至完美，为什么对待人生时，反而像做选择题呢？本应该只是顺序问题而已。

我们经常说：小孩子才做选择题，成年人当然是全都要。我们既要接受自己的不完美，也要用解决方案朝着更完美的自己迈进。完美的正确的实现路径，不就是从“完成”到“完善”再到“完美”吗？

第二个答案是：成为完美的人很难，但做完美的事儿相对简单。

说实话，每次被问到人生大问题，我都很发怵，因为它太大了。大问题往往没有答案，反而是小问题更容易获得解决方案。

如同这个问题一样，我认为“完美的人”这个概念太大了，对大的问题需要进行拆解，拆解到它的本质就好了，那就是——完美的人，都是由一件件完美的事情塑造的。

我非常崇拜一位报社总编辑，他也是我进入媒体行业的领路人，认识很多年了，依然觉得他非常完美，让人有一种仰望感。我一直在思考这种“仰望感”来自哪里？慢慢地我发现，其实就是从一件件我和他接触的事情上累积出来的，因为这是我和他唯一连接的通道。

有时候一篇稿子使得我即将崩溃，觉得自己能力也就那样了，发给我的领导后，如果领导觉得不错，就继续上报，到了总编辑那里，再反馈给我之后，我总是会看到他做的详细批注，哪些地方有问题，哪些地方需要查更多的资料。他是总编辑，完全可以将审稿的活儿交给别人去干，没有必要亲自一个字一个字地去抠，但他就是这样做了。

这样对细节的完美追求，让我觉得他是一个完美情结很深的人，也许事实可能不是这样，但是后来，我在给他稿件之前，都会小心翼翼，认真核对过后，才有勇气将稿件发出去。

著名球星乔丹给科比分享过一个感受，当一个人在精疲力竭的时候，继续努力训练就会发现：有那么一会儿，你感觉时间变慢了，周围的人像是在做慢动作。

这句话很长时间以来都萦绕在我的脑海中，我一直在琢磨这句话背后的深意是什么，到现在我浅显的理解是：当你筋疲力尽还要继续训练的时候，你就是在做一件完美的事儿了，而“完美事件”本身，会让你放松下来，你会进入一种“禅定”的状态。就像武术里面讲：当你练到一点力气都没有的时候，就是你肌肉最放松的时候。

把事情做到极致，做到完美，你整个人就都盛开了，都定了，也就成为更完美的自己了。

第三个答案是：其实重点不是完美，而是你希望自己拥有什么样的状态。

“完美”这个词很虚无，放在每个人身上，都是不一样的。有人认为的完美是别人都喜欢我；有人认为的完美是我充分接纳了自己。在我看来，大家不要被完美这个词捆绑，你不需要紧紧盯着完美，你只需要让自己成为想成为的自己，就足够完美了。

心理学上有一个著名的定律叫作：耶克斯-多德森定律。讲的是：压力程度和实际结果之间的关系像一个倒U形曲线。当压力处于中等强度的时候，表现得是最好的，如果压力过大，就会出现比预期结果更差的结果。

可见，不是压力越大，给自己设定的目标越高，你就能越趋于完美，关键是得适合你自己，让你自己舒适，成为你喜欢的自己才是最重要的。

就像我，从来没有想要成为著名作家，只是想成为一个记录者和思考者。如果有幸让更多人看到我的思考，并且愿意和我一起写起来，我就觉得这就是我理想的、完美的状态，并不是要获得诺贝尔文学奖，也不是要成为经典作家。

我很喜欢一句话：这个世界从不为难你，让你为难的是你对这个世界的解释。“完美”没有为难过你，让你为难的是你对“完美”的理解，最终困住了手脚。

我们都是时圆时缺的月亮，接受自己的普通，然后全力以赴地出众，你就会散发出闪耀的光芒。

## 18. 如何成为20%的少数人？

在过去的一年多时间里，我一直做在线教育相关的工作，有一个明显的感受是：这个世界上绝大部分人永远都只会是普通人，不是因为他们笨，也不是因为他们起点低，而是因为他们已经习惯了普通人的思维模式。

我做了一年度的写作训练营，每个人开始报名的时候，信誓旦旦，充满力量，甚至有人提出问题：能不能要求每天写一篇文章啊？5天才写一篇太慢了吧？一个月之后，倒下一批；半年之后，倒下一批；一年之后我的写作营中只有最多20%的人保持了优质的创作，绝大多数人交作业只是敷衍了事而已。

意大利经济学家帕累托讲过一个大家熟知的定律“二八定律”，即社会上20%的人占有80%的社会财富，后来，有经济学家指出：这个定律已经失灵了，因为贫富差距可能要超过1∶9了。

何止是财富在人口分配中是如此不平衡？世间万事万物，都要遵循“二八定律”，好结果永远只属于20%以内的人。

那么问题变成：我们如何才能成为20%的少数人呢？

从客观上讲，我不知道自己算不算；从内心来讲，我觉得我是的。为什么这么说呢？给大家讲个小细节。我一直有一个想法就是招募一个和我一起做内容的人，亲自带，支付足够的费用，我和很多人聊过，但几乎找不到一个，原因是几乎没有人愿意吃这种苦。

我是一个内容生产者，每天的工作大致分为3块：一块是出版内容，也就是我要创作的图书内容；一块是课程内容，我要备课，做一些体系课程；还有一块是自媒体内容，在多个自媒体平台发表相应平台受欢迎的内容。我每天的内容输出量，如果不算作资料准备，只算写出来的字数，在2万字以上，至少过去的3个月，每天都是如此。

也许有人会觉得2万字不是很多，自己可以啊。那你坚持做3个月试试，这意味着你要生产至少180万字的内容，先不说质量好坏，只说打字，3个月敲出180万字，你愿意尝试吗？

你很可能会说愿意，然后在第一周结束的时候来找我：亲爱的，我不想做了。这就是现实，这也就是我觉得自己有竞争力的地方，也就是我从内心认可自己是20%的少数人的原因所在。你们不想做的、看不上的，我乐此不疲。

基于我的经验，尤其是我“自以为是”地朝“20%的人群”狂奔的经验，分享给你3点，我觉得成为20%的少数人你一定会用到的方法。当然，这些话是废话，因为80%的人不会照做。

方法一：去结交5个一直在朝20%的人群努力的朋友，和他们保持亲密互动。

美国商业哲学家吉米·罗恩曾经提出著名的“密友五次元理论”：与你亲密交往的5个朋友，你的财富和智慧就是他们的平均值。

我记得有一个学员要跟我学习写作，我看了她的文章后觉得挺不错的，鼓励她继续写下去，她却哭着告诉我：“老师，我好感动，你是唯一一个认可我的人，我身边所有的人都在说风凉话。”我告诉她：“你的圈子是有问题的，想办法去改变一下这个圈子，哪怕是在网上社群中找一些爱写作的人和他们成为线上朋友呢？”她直接告诉我：“我的圈子就这样了，改变不了。”

是的，你的确是改变不了，因为你的圈子里面没有一个人想改变自己，你也潜移默化地被灌输了无法改变、安于现状的心态。

雅虎前首席解决方案总监蒂姆·桑德斯说：“你的社交圈就是你的净值。”你价值几何？看你身边的几个朋友就知道了。如果他们都是80%人群里的底层，无论你怎么努力，他们都会把你拉回到原点。

方法二：把做每件事的标准都提高到20%以内。

这也是我一贯的理念，是我的人生观。

你想成为20%的少数人，那么，你做每件事的标准都要提高到20%以内。我是一个写作者，常规认知是我只要达到写作领域里面的20%就可以了，但我清晰地知道：这完全不够，因为我的起点太低了。

有时候和丁老师聊天，我都觉得我们不是生活在同一个世界。他在很小的时候就吃肯德基，喝牛奶，去外地旅行，而我在大学毕业后，来北京争取考研复试的时候，才在北京火车站第一次吃到了肯德基，我大学所在的地方连肯德基都没有。

当然一个汉堡不能说明什么问题，但不得不承认，这就是生活起点低，有很多没经历的、没见过的事情，都要在几年之内必须迅速完成，你不得不对自己有更高的要求。

于是，除了写作要成为20%以内的人，读书也要成为20%以内的人。我做了5年的阅读课，每年至少阅读200本书；考试我也要进入20%以内，从小成绩总排在班里前10名，考研的时候必须要考文科最好的北京大学，因为我要成为20%以内的人。哪怕最后没能得偿所愿，但标准没有变过。工作也要进入行业内排名在前20%的单位，于是去了央视和北京卫视的节目组。现在在北京生活，收入也要进入20%以内，虽然我知道这非常难，但标准在这里，我全力去奔跑，哪怕不能完成，至少会越来越接近。

20%不是和别人比，而是自己的人生标准，不要允许自己以任何借口丧失准则。

方法三：倒用“二八定律”——80%的精力花在核心事情上，才能成为20%的少数人。

我特别佩服朋友圈的一些朋友，一个月会学习七八门课程，如理财课、形象课、插画课、阅读课、写作课、英语课等，他们真的够努力。

我这两年集中精力在做写作领域，因为我本科、研究生都读的是文学相关的专业，小说、诗歌、散文都写过了，我觉得应该没有什么问题可以难倒我吧？可是当我系统性进行备课的时候发现，大片大片的空白领地我未曾涉足，这就需要我去填补。

于是，我买了大量国内外的写作书籍，认真阅读，一点点做笔记，形成自己的系统。有时候我会觉得自己是小学生，怎么还在做这样初级的事情呢？可就是这样初级的事情，我以为我完全懂得了，一讲课才发现还有很多知识盲区。

任何一个领域，只要你花费80%的精力，连续深耕1万个小时以上，基本都能实现成为20%的少数人。我算了一下：如果在工作之外，每天花费3个小时在某一领域深耕，1万个小时需要10年积累，因此，要懂得埋长线。

著名网球运动员阿加西在他人生最后一次网球赛事结束后，接受记者访谈。记者问他，如果一位16岁的青少年选手向你讨教经验，你会向他说些什么？

阿加西说，把每一天看作是变得更好的机会，在球场外也是如此。

这句话也送给你，你真的每一天都在让自己变好吗？如果是，请放心，你一定会成为20%的少数人。

## 19. 我不需要逆袭，因为那本来就是我该有的样子

这段时间，我频繁地收到读者给我的留言："蘘依，我终于找到你了，看到你逆袭之后的样子，很为你开心。"这些读者大都是我在博客时代，或者出版第一本书的时候认识我的人，多年没有我的消息，现在在各种平台上突然看到我的时候，有一种"故人的欣喜"，这是可以理解的，只是"逆袭"，是什么意思？

那天在洗碗，突然脑海中就蹦出了这句话：我不需要逆袭，因为那本来就是我该有的样子。没错，我现在有的样子，都是我应该有的样子，这不是自大，而是你付出全力走过每一步之后的坦然。记住，你的现在都在你的过去中。

网络上有一段非常火的话，大概意思是："生命是一场蝴蝶效应，回首往事，你的许多选择和巧合交错出现在后来波澜壮阔的人生。一道蒙对的选择题，可能就让你走上了完全不同的轨迹，但是当时站在人生十字路口的你，却只是云淡风轻罢了。"很多人很喜欢这句话，但在某种程度上，我觉得它掩盖了某种本质的东西，那就是，人生所有的奇遇，或者说微妙改变，都不是临时性的，更没

什么玄学，都在你一路走来的路程里。

这让我想起了，我的一个乐于从事公益事业的朋友的故事。

大学快毕业的时候，因为他对现存的教育体制持有不同的看法，想要多出去实践，但班主任和院领导想方设法阻止，导致他做出了一个特别另类的选择：不要毕业证了，去社会这所大学拿个好成绩。

当然后果可以想象，无论去哪里工作，都是到处碰壁，但他什么也不怕，拼命地工作，慢慢地一切都有了起色，甚至在工作第十年的时候，辅佐了一家公司上市。

你以为这是一个励志故事，对不对？但生活却没有放过他。当他在职场生活顺风顺水的时候，他的妻子怀孕了，十月怀胎，生下一个患有先天性神经性疾病的孩子，需要终身干预，基本没有痊愈的希望。

他能做的依然是继续拼杀，和几个朋友一起，去国外找靠谱的医生，和国内的几位专家一起开了一家公司，希望能帮助和他有一样境遇的朋友。又一个10年过去了，这个机构已经拥有7万多名用户，帮助了20多万家庭，也拿到了A轮融资。

我们共同的朋友谈起他时都会说：他真是个逆袭成功的人。但我不这样认为，我觉得成功本来就应该是他这个样子。从他不满足大学的教育方式，斩钉截铁地放弃毕业证开始，我就觉得他应该拥有不一样的人生。一个清楚知道自己想要什么的人，怎么可能得不到自己想要的东西呢？我觉得所有往前走的路都是通往成功的，它没有低谷，即便有，那也是成功路上的小石子而已。

贾玲导演的处女作《你好，李焕英》成为中国电影市场上的一匹黑马。我最不喜欢听到的就是：贾玲逆袭了。她逆袭什么了？她一直都在自己的赛道上全力以赴地奔跑着。

我特别看好一个人在人生起点的选择。高中毕业的时候，贾玲第一次报考北京电影学院，很遗憾落榜了。这个时候绝大多数人的选择就是回家复习，准备明年再考，但那时候，贾玲做了一个这样的选择：留在北京当服务员，赚点钱，顺带着复习再考。苦学一年之后，她报考了中央戏剧学院，最终同时被两个专业录取，只不过阴差阳错进了相对冷门的相声专业。

不用说后来贾玲还有哪些励志的故事，单单是高中毕业后的这个选择，有多少人会留在北京边打工边考学呢？仅仅用一年的时间考上中央戏剧学院，背后的付出该有多么大，可想而知了。经历过这些事情，她已经不是原来的自己了。

很多人只看到一个人成功的结果，然后去追溯她过去有多苦、有多难，殊不知，面对苦和难的时候，她已经脱胎换骨，和原来的自己不一样了。

逆袭的故事大家都爱听，是因为能给自己留个念想，万一以后自己也可以呢？只是真相是：成功的人一直在成功，失败的人一直在失败，因为这世上根本没有“逆袭”这件事。

与其相信逆袭，不如去真实地面对一个个问题。比如考研第一次失败了，那就想尽一切办法，用尽一切办法去努力学习，因为第二次不能失败，而不是空泛地告诉自己说没关系，谁还没有失败的时候，我一定会逆袭成功的。不，这样的你只有再次失败。因为真正有解决能力的人，第二次肯定成功，他有能力去面对未来任何看似不可解的问题，并且成功解决。

## 20. 做正确的事儿，而不是容易的事儿

知乎CEO周源在接受采访的时候，主持人问他："你的人生格言是什么？"他不假思索地说："人要做正确的事儿，而不是容易的事儿。"

的确，知乎在互联网平台争夺流量的大潮中，确实没有去做容易的事儿，比如用补贴来留住头部用户这种司空见惯的方式，而是用自己认为正确的方式来坚守自己的内容底线，这也是很多人为什么愿意在这个平台上深耕的原因吧。

做正确的事往往比较难，从一个人成长的惯性来说，大家还是会习惯性地选择去做"容易的事儿"。过往30年，我觉得我做得唯一一件容易而非正确的事就是去了某家公司工作。我在这里依然要说这家公司非常好，但是对我来说，它太容易了，顶着媒体人的光环以及过去掌握的底层逻辑，非常顺手地拿到高薪，得到领导赏识，工作顺利，但是这绝对不是正确的事儿，以至于在写这篇文章的时候，我还在为这件事买单。

虽然区分正确的事和不正确的事儿是一件异常艰难的事情，但

根据我的经验，给大家分享我觉得“正确的事儿”得满足的3个条件。

第一个条件是：它能让你的价值观扎得更深、更坚定。

价值观虽有好坏之分，但对于正常人来说，真正好的价值观，其实就是适合自己的价值观。

比如，我过去20多年形成的价值观就是：天道酬勤，得靠勤奋才能获得一点收获。但如果一家公司给我的价值观是：只要方法对，只要你能打动别人，你就能赚到钱，那就说明它和我的价值观是相违背的。如果我的价值观是“慢”，而它的价值观是“快”，那么，在这种情况下，就可以断定这件事对于我自己来说，不是一件正确的事儿，这仅仅对于我来说，对于别人来说，也许是适合的，也是正确的事儿。

因为我的价值观是“慢”，所以现在所做的事业就很“正确”，因为每一天通过别人的反馈，我都对此更坚定，不着急，慢慢来，甚至开始相信“慢慢来才是最快的方式”，也就是它让我的价值观更加坚定了，这就是正确的事儿。

年轻时，我们经常会说一个词——“价值观碰撞”，但这个词后面应该还有一个词，叫作“价值观选择”。价值观碰撞了，然后呢？不能一直让它们碰撞吧？总得选择一个吧，你选择了哪一个，基本上就决定了你做的是不是“正确的事儿”。

我的建议是别轻易否定你的价值观，你的价值观里有些知识、经验和情感，它们很珍贵，别轻易说不要。

第二个条件是：这件事得经得住时间的“熬”。

与其说经得住时间的熬，不如说正确的事儿得经过时间的检验。短时间，是看不出来一个东西好与坏的。

现在知识付费这个行业还不错，我投身其中，之所以面对激烈的竞争依然不慌不忙，不是因为我多么有格局，而是我知道，时间能帮我筛选掉一部分竞争对手。

我身边有很多做知识付费的朋友，今天做个人品牌领域，明天做读书领域，后天做文案领域……如果不点开她的头像去看，都不知道是同一个人。结果这个人往往就是什么都做不成，她一直在做容易的事儿，尤其是容易收钱的事儿，但不是正确的事儿。

我有一个朋友本身是作家，却选择去一个家居赛道做博主，依靠她的聪明，当然是赚到了很多钱。有一次我和她聊天，问她做博主的感受是怎样的。她说，特别担心有一天醒来不想做了，一个片子都不想剪了，因为现在全部靠单一的赚钱信念在死撑，总觉得脆弱，不是在干正确的事儿。

我安慰她说：“没关系，你现在做的是相对容易的事儿，靠这两年多赚些钱，之后再做你喜欢的编剧就可以了。”她瞪大眼睛问我：“你觉得两三年后，我再进入编剧行业，还有机会吗？”

这个问题看似是问题，却给了我答案：人生看似可以先做容易的事儿，后做正确的事儿，但真实的生活是不会给你这个选择的。

编剧行业两三年足以培养出比她更优秀的人，她基本上回不去了。更重要的是，她现在的心态很难接受编剧行业的高压环境，习惯了赚易钱，赚快钱，再赚难钱，赚慢钱，她就赚不了了。

有时候我会觉得熬这个词特别有力量，普通人也许有很多地方都不如别人，但只要比别人能熬，总体上也都有一条很好的出路，换句话说，“熬得住”也是我们最后的捷径。

### 第三个条件是：真正利他，让别人发生改变。

前两天，我去拜访一位前辈，我告诉她，我今年最大的改变就是在以无条件的利他来爱别人。我觉得这是我非常大的进步，很值得分享给她，让她看到我的成长。她微微一笑问：“为什么会有这种想法？”我也很坦然地说：“因为无条件爱别人，自己没有要求，就不会受到伤害。”

她依旧是微微一笑说：“其实，你可以更进一步地去想，我们的成功都是别人给的。就像你写书，销量不错，这都是相对成功，但这并不是你的成功，而是正巧读者需要你的书，你才会成功。你想想你的财富、名望、声誉，都是你自己产生的吗？不是吧，都是别人给的。”

这应该是我2021年的“特殊时刻”，我会永远记得那个下午，在她21楼的茶室，特别淡定地给我讲出这番话时，我内心的翻江倒海。我是多自大又是多自私，因为我的“利他”是为了不让自己受伤害，事实上，没有利他，何以有我的成绩？

什么是正确的事儿？正确的事儿一定包含利他的动机，如果你做的事情都是为自己，肯定做不好。这也就是所有成功的创业者在总结他们的成功经验时，一定会说那句话：我做的这件事是为了解决别人的某种需求，产品只有满足别人的需求才能卖得更好。做事都是如此，只为自己是难以成事的，当你和别人有了某种关系，有了利他思维，才会让你的事有了成功的可能。

这个社会中处处都是“二八定律”，一个集体中前10%~20%的人可以向上攀升，剩下的人触到的只能是天花板。无论是集体还是个人，无论是底层还是精英，概莫能外。假使我们想要本该属于自己的那个位置，就记得在做选择的时候，都选择那件正确的，而不是容易的事。

# 第三章

# 成长是有加速度的

## 21. 人生就是一声：唉！

和你分享24小时之内我收到的3条信息：

“亲爱的，我儿子生病了，虽然能早期干预，可是我还是很担心！”

“我现在手底下就是我妈妈的肾切除手术通知书，我手直哆嗦啊！”

“因为孕吐，今天住院，输了一天的液了，手不能乱动，打不了字！”

……

果真应了那句话：人到中年，现实困难直接到来，不管你是否做好准备。

这些天我说得最多的话就是：“人生真是太难了！”

朋友安慰说都会越来越好的。可是真的会越来越好吗？

人和人之间永远无法做到真正的感同身受。下午朋友给我说她的妈妈要做肾切除手术，我能做的就是安慰一下，然后一声叹息。

随即想到我妈妈在我还不记事的时候，就已经做了肾切除手术，但我好像从来不知道这件事一样，没有关心过她的身体是否真正健康，也不了解她在干活的时候是否会因此更加辛苦，仿佛发生过的就过去了一样，仿佛这件事不存在了。

从这个意义上说，我们唯一能做的就是用尽全力过好自己的生活，哪怕作为儿女，哪怕作为闺密，尚且对正在发生的事情都不能给予力量，更何况那些不相干的人呢？

也是从这个意义上说：我们何必要在乎别人的评价呢？别人从来不曾用心参与到我们的人生中，更别说帮我们处理人生大大小小的危机了。

我新认识的一个女性朋友，因为3年前发生意外而毁容，这些年，她一直觉得所有人都在关注她的脸，不敢去参加活动，不敢开会，总是躲在边边角角的地方，一边忍着剧痛去做修复，一边用极厚的粉底来遮盖，而现在她却成为厦门一家影像公司的创始人，给万千女性传递美。我问她为什么会有这么大的转变，她说，其实让她真正放下毁容这件事的，仅仅是她认识的一个朋友给她发的信息，朋友问她："我明天想去一家据说效果很好的店做美容，你陪我去吗？"

也许你听起来觉得这个朋友是在反讽她，事实是她从来没有对朋友讲过毁容这件事，也就意味着，即便她毁容到脸上几乎没有一块皮肤是完整的，但她很熟悉的朋友对这件事毫无感觉。

我永远都记得当她告诉我这个细节时的表情，连同她说的一句话："你看，熟悉是熟悉，关心是关心，它们是两件事。"

朋友的一个问题，让她意识到根本没有人注意到她的脸，哪怕别人注意到了，也以为只是皮肤状态不好而已。她说那一刻她真的放下了，过往几年都活在担心别人的评价里，这是多么的可笑，别人连评价都没给，留给自己的只能是一声：唉！

是啊，面对人生所有的困境，我们能做的也只有"唉"。这个唉里有想帮助别人，但无能为力的遗憾；也有别人无法帮助，只能自己硬扛的无奈；更是看透人生之后的舒展：就活这一辈子，再难又能怎么样呢？

## 22. 现实很残酷，光有理想可不行

今天和一位著名出版人聊天，他想和我合作出版一本书。当他了解到我现在所做的事情时，对我说了这样一句话：“你做的事情非常有意义，但是现实很残酷，光有理想可不行，你怎么觉得你就可以做成呢？”

如果按照我几年前的性格，肯定掀桌子骂人了，但现在我能淡定地回复：“我也不保证我完全能够做成呀，先走一步看一步嘛，大不了我再找个工作就好了。”

这样回复，只是为了尽早结束我们的对话，我真正的想法是：为什么理想就不能实现呢？现实再残酷又能残酷到什么地步呢？

转眼间我也31岁了，虽然没有经历很多的挫折，但是身上依然有社会给我留下的伤痕，即便在最艰难的时刻，曾经一度怀疑自己能力的时候，也从不对自己说：还是妥协吧，你即便拥有再强的能力也是对抗不过现实的。即便有朋友给我讲她非常想做但一看就很容易失败的事情时，我也会说：你去试试，不试就后悔。但从不讲出那一句：现实很残酷，光有理想可不行。

现实真的残酷吗？

是的，现实特别残酷。我几乎每天都能听到来自朋友的“残酷”消息：要么就是父母得了癌症没有多少日子了；要么就是每天不得不加班加到胃出血，却没有时间去医院；要么在北京实在熬不下去了，想回到老家生活，却不想面对父母的唠叨，只好以泪洗面。

现实是难，难到你和别人的差距用一辈子都弥补不了。但现实也没那么难，只要你拼尽全力，这个世界照样会拥抱你。

我觉得我人生最难的时候就是考了两年北大，相继失败，考博士也失败，我用尽了全部的努力去开始，依然失败，甚至我的导师明确告诉我不用考了，今年肯定不行。这就是现实的残酷：你还没有上考场，就有人告诉你，你不用参加考试了，为了你好，你别浪费时间了。

是的，拼尽了全力，现实的残酷还是狠狠碾压了我。我永远都记得那个学习成绩一般的同班同学，如何开心地去某所非常好的名校报到，虽然有人在传关于她如何考上博士的谣言，但那又怎样？人家现在已经拿到了博士学位。你拼尽全力的终点只是人家的起点。

只不过，没关系，这个世界照样会拥抱你。当我在学业这条路上经历坎坷的时候，写作拥抱了我。从来没有想过能出书的人，一夜之间出了书，而且还成了畅销书。接下来就是大家都知道的故事了。

有一天，爸爸特别欣慰地说：“你现在在央视节目组工作，是很多名校的学生都进不去的，上天对你不薄。”我不觉得上天对我有多好，我只是觉得自己的十分努力，获得了十分收获，仅此而已。这也许就是现实的残酷和公平。残酷在你努力十分，最多给你十分，不会给你一百分；公平就是你努力十分，最终，无论给你是成功的惊喜，还是失败的教训，总之不会让你空手而归。

而理想呢？理想很可笑吗？

如果你对那个坐在乡村小镇漏雨的教室里上五年级的蓑依说：“你别写作了，不可能成为作家的。”这简直就是在“杀生”，这是完全不负责任地灭掉一个人的希望。她正在凭借着一朵小小的火苗，在这个世界上摸黑寻找属于自己的光明道路，你有什么资格去到她的世界里告诉她：你没有出路！

我想，说出“现实很残酷，光有理想可不行”的人，一定也和我一样受到过社会的残酷毒打，只是我们不一样的是：他接受了它，并且为自己找到了一套自圆其说的逻辑；而我也接受了“现实很残酷”，更接受了“有梦想可以走很远”。

最近我很多时间花费在小红书上，无论真假，在世界各地的人们都在展示自己的美好生活，你总能看到有些人正在过着你梦想的生活。

生活对一个整天面对家庭暴力的50岁阿姨来说残酷吗？当然残酷，但是她现在在环游中国，而且拿着不菲的广告收入。

生活对一个从小生活在一个重男轻女的家庭，甚至被整个家庭抛弃的女孩来说残酷吗？当然残酷，但是现在她在巴黎生活，和法国老公有一对双胞胎女儿，生活幸福甜蜜。

生活对一个长得很丑，从小被人讥讽的女孩残酷吗？当然残酷，但是最终她嫁给了一个英国高学历的男生，男生告诉她：你很美，你要对自己自信。

我相信当下是一个有梦可做的时代，这个“梦”也许大也许小，但总归美好，且等着我们去实现。我亲眼所见，我的闺密辞去一份不错的工作，开始从零做珠宝，一年只卖一个大单，获得的收益比她全家一年的总收入都高。她现在每天躺在家里看书，偶尔拍拍视频。每次见面，她手中都拎着不同款的、崭新的包。你有什么资格去告诉她：现实很残酷的，你过上别人梦寐以求的生活是不行的？

怎么不行？

理想是多么宝贵的东西啊！我用尽全力去保护，都不敢说能让它好好存在。

总有人能够做到兼顾现实和理想的，我们永远不要以过来人的姿态告诉更年轻的人：“你要知道现实的残酷。”也许他们比我们更知道现实有多惨痛，但是他们比我们更相信疼痛之花依然娇艳异常。

## 23. 出名不一定好

北大心理学老师李松蔚在一次采访中，提到一个让我印象深刻的观点。他说自己在写标题的时候，会刻意避开热点，也不想让读者帮他宣传，不想“出圈”，因为他知道自己不适合走大众路线，只适合走小众路线。

李松蔚的这个观点，让我顿时有种醍醐灌顶之感。今年是我创业的第二年，第一年跟随大众潮流，我觉得一定要“出圈”，让更多的人知道我，经过一年的试验，我发现：我并不适合走大众路线。

首先，我非常在乎“亲密关系”，而对“点滴之交”没有感觉。大众路线就意味着你要与更多的人有“点滴之交”，我做不到，尤其对于一个不太想和太多人打交道的人而言。

其次，想变成大众喜欢的人，也就意味着你要和大众在一起，讲大众想听的话，这我也做不到。

前段时间，有一个自媒体博主说他要放弃做读书博主了，他坚持更新两年，流着泪说放弃的画面，让我记忆犹新。放弃的原因很简单，因为这两年他过得特别拧巴和分裂：一方面他得读很艰涩的书来提高自己的知识储备；另一方面他必须在自媒体平台上为了博取流量来做一些他根本看不上的“书单分享”。一旦他发表真正想说的内容，就一定没有流量，只能什么内容容易火就做什么，使得他一步步放弃了初衷，放弃了原则，这让他极为痛苦。

我和他心有戚戚焉。一边读很多小众的书，看小众的电影，一边转身就去写“片汤话儿”，因为这些内容是有流量的，有了流量，才有收入。只是这种分裂的状态，会让一个人变得不开心。

虽然我懂如何能让一个视频火，但无法做到像朋友好言相劝时所说的那样，她说：“你在抖音上拍一些用家乡话说的心灵鸡汤，也许会很火。”可是，我为什么要这么做呢？难道仅仅为了流量吗？

像我们这种不靠金钱，必须靠价值驱动的人，是最拧巴的一群人，尤其是在没有一定范围的话语权的时候。直到有一天晚上，睡前我突然想到一个问题：我为什么辞职呢？不就是为了做自己喜欢的事情吗？如果现在还是做自己不喜欢的事，那和“打工人”有什么区别呢？

凡事有得必有舍。要想得到快乐，那就舍弃更高的收入和更大范围的知名度。从今年开始，我一直朝着这个方向去做：我不想成为千万富翁，也不想坐拥豪宅，就想做一个普通人，每天做着喜欢的工作，养活自己，养养花、看看剧。

也因此，当别人问起来的时候，我也不说我是一个创业者了，我就是一个自由职业者。没有什么“业”必须要创，就是做点喜欢的事儿，养活自己而已。

当调整到这个频率的时候，我发现自己感觉快乐很多，而且得到的远比去年还要多。去年得到肯定和认可时，我无动于衷，觉得本应该如此；而今年，每一份肯定，都让我欣喜万分。

有些人就适合成为舞台上光芒万丈的人，有些人就适合在幕后做点踏实的事儿。从我踏入电视行业做幕后导演那一刻开始，也许就注定了我属于后者。

换个角度去想这件事，我会鼓励所有有梦想、对自己喜欢的事情特别执着的人，去努力成为“小众”圈子里的自己。你不需要耀眼到让所有人看到，你可以像一只小蜗牛，慢慢爬，但爬过的地方必留下痕迹。

我周围作家朋友中有一半的人都已经是自由职业者了，我们达成的一致就是：这个时代，是允许每个人发光的时代，你发出的光或许很微弱，但也能照亮很多的人。只要持续发光，你就会获得自在和敞亮。

## 24. 活着就是逢山开路，遇水架桥

前两天，和几个同龄创业的朋友聊天，谈到一个问题：从创业小白到现在，能活下来的原因是什么？我们不约而同提到一句话：逢山开路、遇水搭桥。更通俗的说法就是，闷着头往前走呗，遇到问题，解决问题，还能怎样呢？

每当再次回想起这个瞬间，我都觉得很开心，因为30岁以后的自己，终于不再是一个焦虑的人了。30岁之前，总是担心职业晋升出现问题怎么办？过不上理想生活怎么办？甚至，遇不上喜欢的人怎么办？其实，生活没有那么多“怎么办”，有想做的事，直接做就是了，做着做着，一切都有了答案，而且往往是很好的答案。

我读过很多关于曾国藩的书，几乎各种版本的我都看过，一直着迷，但并不知道为什么着迷。直到31岁这一年，我再一次打开张宏杰版本的《曾国藩传》，我恍然大悟：我着迷的是他的“弹性态度”。

曾国藩参加了6次科举考试，6次都是失败，在乡亲的嘲笑和

揶揄中，继续不断赶考。30岁时患了耳鸣，35岁时得了皮肤病，36岁时患了眼疾……身体仿佛没有一处是好的，这个出身底层、不被命运眷顾的人，应该说是“丧”到了极点，但是他没有向命运低头。考试失利时靠写日记来批判自己的“鄙俗”，减轻内心的焦虑和压力；生病时，哪怕已经身居高位，曾国藩也在该休养的时候进行休养，让自己喘口气，因为他懂得张弛有度；在朝廷里，当被各方势力夹击的时候，他没有退缩，而是通过写家书的方式来寄托自己的希望与理想，他写的不是253封家书，而是253次为理想的努力。

所谓弹性，就是在任何的境遇中都能活得很好，生活不给你机会，你就顺其自然，等待它需要你的时候；生活给了你机会，你就好好把握，努力创造属于自己的未来。

因为曾国藩的存在，在每一次面对求学失败的时候，我都告诉自己，这是上天给你的休养生息的机会，好好享受它。然后，再看看这里面有什么你没发现的其他礼物。果然，这份礼物，它给了我尝试梦寐以求的职业的勇气。

虽然社会给女孩子试错的机会更少，但我们不能绝对拒绝试错的勇气。经济学家蒂姆·哈福德在他的作品《适应：为什么成功总是源于失败》一书中曾说过：“试错，是解决复杂世界中问题的一种强力进程。”而我觉得，试错的本质就是要接受生命的弹性，不要寄希望于它会一直紧绷，更不要担心它会一直松弛，生命自有弹性，你要做的就是接受它的紧绷，也接受它的松弛，接受前面是山就开路，也要接受前面是水就架桥，让自己蹚出属于自己的道路。

也许有人会说，你之所以能够弹性面对生活，是因为你觉得自己很幸运，相信自己会是那个能够拿到最好结果的人。但其实，我认为一个人面对挫折能够持有弹性态度，才会让自己拥有好运气。

英国心理学家理查德·怀斯曼做过一个实验。他征集了400多个自认为幸运的人和自认为倒霉的人作为实验对象。其中最年轻的18岁，最老的84岁。理查德给了他们同样的一张报纸，让他们数里面有多少张照片。

那些自认倒霉的人往往要花2分钟，而自认为好运的人只用了几秒钟就得出了答案。为什么？因为第二页的报纸上有这样一条信息："不必再数了，一共43张照片。"这条信息用很大的字体印刷，占了近半页的版面，"幸运儿"们都看到了，"倒霉蛋"们却都没看到。

纯粹为了好玩，他在报纸里插入了另一条信息："别数了，告诉实验者你看到了这条信息，并赢取250英镑。"

结果还是一样，"幸运儿"们都看到了，"倒霉蛋"们都没看到。

你看，其实，运气并没有我们想象的那么神秘，它就藏在我们面对挫折的态度中，给自己留点弹性，积极去寻找各种可能性，或者坦然接受，静待结果，都比"硬扛"来得有效。

回顾十几年来的自我成长之路，除了弹性态度在支撑着我逢山开路、遇水架桥之外，还有一个原因就是我认识的很多人，他们无一不是在背后尝试做了很多事情，无一不是经历了很多次的失败，无一不是在没有方向的时候，依然跌跌撞撞地往前走，最终才拿到那个比较好的结果。

我在写作上有一位偶像劳伦斯·布洛克，他是《八百万种死法》的作者，它在我漫长的写作生涯中，一直默默支撑着我。

现在大家都知道他是一位著名的推理作家，但很多人不知道他在此之前，还创作过哪些作品。

在他是新手的时候，发现市场上自述小说非常流行，容易赚稿费。于是，他就创作自述小说，虽然他根本不喜欢这种故事，创作得极端痛苦，但是他认为这样做是走在一条成长为作家的最平坦的道路上，现实却打了他的脸，他的投稿都石沉大海……

接着，他吸取教训，不再写自己不擅长的，而是开始写自己喜欢的科幻小说和历史小说。这个时候，他发现自己完全写不了，因为缺乏想象力，无法架空故事，对历史事件也缺少研究，写不出有想象力的虚构历史故事。

既然写长篇小说的这条路走不通，写短篇怎么样呢？他开始研究各种类型的短篇小说，终于写出了几篇比较有代表性的作品。只是他的长篇梦并没有散去，并通过努力最近实现写长篇小说的梦想。

他一直没有变的梦想就是成为一名推理小说家。于是，在自己稍微有名气的时候，他开始竭尽全力地创作推理小说，终于让他成为世界顶尖的侦探推理小说家。

他在写作上也是逢山开路、遇水架桥，只要能实现他最终写推理小说的梦想，一切机会他都愿意去尝试。他的创作之路给了我信心：为了成为作家，为了能出版自己的书，在博客火的时候，我写过博客；在网络小说火的时候，我写过网络小说；在诗歌有机会在国家级刊物上发表时，我写过诗歌；在“鸡汤励志文”火的时候，我写过10万多阅读量文章……做这一切的目的只有一个——我要争取到更好的出版机会。

别斤斤计较当下你在做什么，只要心中有梦想，眼前有远方，就一步步地往前走，去蹚大海，走草地，吹烈风，踩泥泞，这些是面对人生最好的态度。

我永远都会记得在我20岁的夏天，看《这个杀手不太冷》时，玛蒂尔达问：“是否人生一直如此艰难，还是只有幼年如此？”莱昂告诉她：“一直如此。”当时隔着屏幕，我感受到了一种难以言说的绝望：要未来干什么？反正都是如此艰难！

但现在，我觉得莱昂的回答是充满希望的，因为一直如此，所以你总能找到这个世界的运行规则，反正一直艰难了，那就走一步看一步，那就逢山开路、遇水搭桥吧！

## 25. 一个人成功，靠的是“习惯霸权”

在课堂上我问学员们一个问题：“你们是什么时候觉得自己是个普通人的？”这个话题大家很感兴趣。有的说是在上小学的时候就感受到了；有的说是在工作后；有的说自己永远不会是普通人。而我的答案是：在30岁这一年。

30岁之前的人生非常顺遂，即便经历了几次考试失败，人生被各种“调剂”，但无论是在创作、工作中，还是家庭中，都有异于常人的好运。直到30岁这一年，我辞职创业，一切开始从0到1，不借助任何外力去做事情的时候，我才发现，我是非常普通的人。这种普通让我有一种遗憾的无力感，这种无力感的背后是“习惯霸权”在作祟。

### 第一种，习惯霸权是学习习惯的霸权。

过去一年里，我都在做知识付费相关的培训，每天面对大量的学员，基本90%以上的学员都是在来的前两天兴致勃勃要改变自己的命运，但两天之后，仿佛被打回原形。长期拖延的继续拖延；读不下去书的继续读不下去；每天陷入胡思乱想情绪怪圈的，继续沉浸在各自的小情绪里。每当这个时候，我就会生出一种无力感的呐喊：你们怎么这么容易被自己打败?

到了后来，我才明白：这类人是最值得同情的，不是他们在被自己打败，而是他们没有能力跳出自己的“学习习惯”，任由小时候养成的低级的，甚至是错误的“学习习惯”摆布，而无法脱身。

就在这样一个个的选择当中，我们被“学习霸权”控制了。那些面对低刺激事物能够沉浸下去、坚持下去的人，在未来无数的人生测验中，都会比那些只选择高刺激、高快感的人占优势得多。这件事的可悲之处在于，有些人一辈子也认识不到这一点，而有些人很晚才意识到，但已经来不及了。

我永远都会记得上初中的时候，一个冬天的早晨，我去给表哥送我家种的菜。当我进门的时候，看到表哥在床上趴着写作业，我和他打招呼他也没有理我。我和姨妈聊了很久，声音很大，但表哥仍不为所动，继续写他的作业，当我离开时，他也没有送我。

这个早晨在我心里印象深刻。最初我认为是表哥太没礼貌了，装作没有看到我，怎么可以这样。后来，表哥考上了顶尖大学的研究生，又凭自己努力在上海买了房子。我再给别人讲这个故事时，会告诉大家：我哥学习太专注了，太爱学习了。现在我对这件事有了新的解读：表哥被他优秀的习惯霸权控制住了，他着迷了，沉浸在其中了。

如果学习能力分阶层，在我的理解里，表哥的能力应该算很高的阶层，而我的能力应该处于中间偏下的阶层。这个阶层，我心服口服，并且无力挣脱。在我们还是学生的时候，在他专心致志写寒假作业，而我在寒假的最后一两天才一股脑地胡乱完成作业时，这个差距就已经拉开了。

第二种，习惯霸权是思维习惯的霸权。

这个霸权更隐秘，但却在牢牢控制着我们的人生。

我在辅导朋友练习写作的时候，经常会出现这样一幕：她说她绞尽脑汁就是想不出来怎么写。可是当我说出我的建议来的时候，她马上会说一句："啊！我怎么没想到啊？这个我其实是知道的呀。"

这不是她在撒谎，她的确是知道的，但就是想不到，这比不知道还要令人头痛。

同样，我在数学学习上也是如此。我的数学成绩很差，每次老师讲的时候，我都觉得我自己很明白、特别懂，但只要自己做题，就做不出来，就是想不到怎么做。

想不到的背后就是思维习惯在作祟。

后来，知乎上一个非常优秀的博主的回答，让我眼前一亮，他的回答帮我解决了这个困扰我多年的问题。

我们在接受一个新的事物时，对它的认知一定是通过已知的经验或者理论，也就是说用已知来解决未知。

他提到一个很有意思的解决问题的框架，就是解决一道难题或者理解一个难的概念，需要经过至少7层嵌套的逻辑，一个经过高度逻辑思维训练的人，可能前3层逻辑早已烂熟于心，第四和第五层逻辑在他以前做过的题目或者看过的书中遇到过，剩下的工作只不过是推出剩下的两层逻辑而已。

一个没经过高度逻辑训练的人，可能只能熟悉前两层的逻辑，要解决这个难题，他可能就要用很多的时间，经历无数次试错，承受大量不熟悉的痛苦，才能到达第五层，还未必能达到第七层，解不出难题就是很正常的事了。

当听到这个理论的时候，我恍然大悟。的确，当我们面对一个崭新的问题时，并不是没有一点头绪，我们是有线索的，只是我们缺乏经验所以无法坚持到最后。

没有更多已有经验的原因是我们在日常生活中很少思考，见到一棵树不思考，读到一本书不思考，遇到一个难题不思考……长此以往，你的已有经验越来越狭窄，没有随着年龄而增长，这导致你的已有经验无法解决你的未知难题。

当我创业的时候，我深刻地感受到了这一点——我看上去已经有很多已有的经验了，但是真做的时候，面对眼前的难题，我只能往前走一步，无法走得更远。

普通的学习习惯，普通的思维习惯，造就了一个普通的我。无论外表的光环多亮丽，无论取得过多么优秀的成绩，只有我自己知道：在学习能力的阶层里，我的能力属于中层偏下。但好在，我已经深刻意识到这个局限，也许靠未来几十年的努力，还能往上爬一爬，如同在生活的阶层里，还能再往中产爬一爬。

## 26. 当我们在更高处相逢

今天下午我在看小红书的时候，突然收到一封私信，是10年前的一个笔友发给我的。他说意外地翻到了我，特别惊喜，然后告诉我说：他现在和另一个朋友一起做短视频，而那个朋友也是我的笔友。

不知道为什么，收到这封私信的时候，我的泪水一下子就涌了出来，尤其是他说的那一句："你一直在用'蓑依'这个名字啊？"

我没有意识到蓑依这个名字，竟然伴随了我十几年，竟然成为我和老友相认的标识。我在想：假如我换了一个名字，是不是我们就会永远淹没在人群中，相忘于江湖呢？毕竟他们俩都已经换了名字。

10年前，我在做什么呢？我在读大学，整天闷头写作，因为被调剂到不喜欢的学校，周围都是领了毕业证就赶紧去找工作的师哥师姐，我唯一能想到的，让自己存在的方式就是写作，夜以继日地。在宿舍写，在自习室写，在图书馆写……

我还记得当初为了能够有机会在安静的图书馆写作，看最新的杂志，我还做过图书馆的值日生。每天打扫卫生，整理杂志和书籍，就为了换来更多待在图书馆的时间。写了文章就发表在新浪博客。那时候真好，虽然我也是无名小卒，但是文章经常被推荐，让很多人认识了我，让写作这条路不再孤单。

他们也是其中之一，只是我渐渐和他们失去了联系。可能因为他们的文字没有被更多的人看到，便没有坚持下来。

他加上我的微信之后，和我说的第一句话是："你还在写作吗？"是的！我一直在写作，好像一个坐在门口的老人，迎来送往，但会一直在那里，等故人回来，或者远去。

我从来都不认为是我选择了写作，我认为是写作选择了我。我是一个足够幸运的人，大学写博客，文章无数次被首页推荐；毕业之后在豆瓣上写作，被广泛转载并结集出书；现在做自媒体平台，我也有很幸运的感觉。

也许上天需要在人间安排一个人，一个从底层成长起来，没有优越的条件，但一直靠勤奋、努力来实现写作梦想的人，我就是那个幸运儿。

是的，这是一个为梦想努力，然后实现的故事。我现在所有名誉和收入都是这个故事的副产品。

这是一个值得骄傲的故事吗？我的答案是：不。

他把他们正在做的短视频发给了我，我看到之后，第一时间发给了丁老师，我问他什么感觉，他说："惊艳！"

然后我跑到他跟前，第一次，真的是第一次正式地问他："你觉得我们现在的生活，你满意吗？"

他说："挺好的呀。"

我说："也许咱们可以换个活法。"

如同我男友看到短视频的感觉一样，他说是惊艳，而我说：他在用非常高妙的写作逻辑来写文案，这种文案无法复制，只能出自文案高手，出自写作高手。他不是视频拍得有多好，其惊艳之处就在文案，他的创作力来自喷薄而出的想象力，来自对生活的热爱，来自对细微情感的共鸣。

而我呢？我比10年前的自己，进步了多少呢？

我太清楚写作的套路了，我都可以教别人了；我太流俗了，太知道怎么引起读者的喜欢；我太现实了，每天想的都是如何靠写作养活自己……我的想象力呢？我的敏感度呢？我那个有趣的世界呢？

它们消失不见了。

于是，我终于懂得我为什么会止不住地流泪了。不是因为我们在更高处相逢了，而是在时间混流之中，我们狭路相逢，发现已经彼此不认识彼此，他不认得我的流俗，我无法想象他过上理想生活的样子。

他曾说自己是诗人，也把笔名叫作，诗人与枪。他做到了。他的确把文字当作枪，打响了创作的梦想。

然后呢？狭路相逢，嫣然一笑，各自散去吗？

当然不是。

今年上天好像一直在让我做一个功课，使得我频频自问：你能否将生活过得更有想象力？你是否还是你自己？

我从来都认为自己是一个很特别的人，只是骨子里与生俱来的特别，已经在相对顺遂的生活中渐渐被磨平。

如果上天通过各种途径来告诉你，你还是要做自己，做自己想做的事，那就心无旁骛地做吧！也许幸运在等你，只是你还没发现。

## 27.成长就是加速超越临界点

最近我见了一些老朋友，虽然我们没有见面的时间不算长，但他们给我最大的感受是：怎么这个人像换了一个人似的？

有一个我在《我是演说家》工作时的选手，当初参加节目时看上去很怯懦，第一轮就被淘汰掉了。后来，我与她成了好朋友。但再次见面，完全颠覆了我曾经对她的印象。曾经那个上台就紧张的女孩，在自己的自媒体平台上做演讲教学做得风生水起，而且经常去北大、清华给学生们做演讲。我想，可能每一个知道她这两段经历的人，都会好奇：怎么可以有这么大的转变？

还有一个朋友，五六年前我在上海见他的时候，还是招商银行的银行经理，这次再见时，他已经是复旦大学的MBA，我好奇地问他："为什么还要读MBA？是为银行拉业务吗？"他微微一笑，说："我早就不在银行工作了，现在我在做投资，前两年投了两个不错的项目，现在没加入公司，独立考察项目，剩下的时间就学习。"

我问了他们一个问题：为什么你的变化那么大？他们不以为然

地反馈：变化大吗？没什么变化呀？你不也是一样吗？

他们没有给我明确答案，给了我一个“你不也是一样吗？”的回答。于是，我试图从我们共性的地方寻找答案。身在其中的人，其实很难看清楚自己的位置，当我回想我们过往种种经历的时候，脑海中突然闪现一句话：成长是有加速度的。

在所有的运动项目中，我坚持下来的只有两个：一个是跳绳，一个是跑步。这两项运动有一个共同点就是：只要你超过了某个点，都会进入一个超级舒服的状态。在跳绳方面，这个点是3000个，只要过了3000个，哪里都不难受了，想要一直跳下去；跑步方面，这个点是8千米，8千米之前得想尽一切办法哄自己坚持，但只要超过了8千米，即便跑12千米也不会觉得太累。

我把这个点称为临界点。临界点之前狼狈不堪，甚至无数次想要放弃，看不到未来；而临界点之后，一切都是未来。

2020年，我用了一年的时间研究短视频自媒体，但都以失败告终，我们非常努力精心策划了200多条视频，结果什么水花都没有，而到了2021年的年中，我们约莫找到了感觉，不断收获不错的结果。2021年年中，我认为这个时间点是我做自媒体的临界点，之前努力10分，得到1分的结果；现在努力1分，得到10分的结果，这一切都是因为熬过了某个临界点。

大部分人在很多事情上都是熬不过临界点的，如同马云的那句

“鸡汤”：“今天很残酷，明天更残酷，但后天很美好，绝大部分人死在了明天晚上。”有太多的人在即将要熬出头来，进入加速度的阶段前，不想等了，最终前功尽弃，一切回到了原点。

大家都知道，现在盲盒领域一家独大的是泡泡玛特，可是在泡泡玛特之前，有一位盲盒领域的大神做得非常好，之所以现在大家完全不知道他的名字，就是因为在泡泡玛特拿到投资的前一个月，他解散了公司，转行去做了工艺设计。也许你会说，这就是命啊！不，命运掌握在自己手中，他其实已经熬到了临界点，只是他内心并不坚定临界点的存在。

也就是说，要想成长加速度，除了熬到临界点之外，还得特别坚定临界点的存在，不然也会在就差一步的时候，就放弃了。就像我跳绳的时候，支撑我的就是跳过3000个，心里就舒服了；跑过8千米，就高兴了。倘若一个人对此并不坚定，他坚持下来的可能性要小很多。

冰在温度高于0℃之后就化成了水，水在100℃之后又变成了水蒸气。因此，0℃是水和冰的临界点，100℃是水和水蒸气的临界点。自然界的物理变化过程中存在这样的临界点。是的，临界点是存在的，你对此要坚信，虽然这个点也许你看不到，但是它是质变的开始。很多时候，无形的力量杀伤力更大。

想象一个场景：你决定要辞职的时候，是因为你刚刚和同事发生了争吵这件事本身吗？当然不是，在和你同事争吵之前，也许两年前你刚进公司的时候，就不喜欢这里的氛围；也许一年前，评年终奖本来应该有你的，因为不公平竞争，你失去了它；也许是因为两个月前，你要请假，老板没有答应……你的辞职，从来都不是头脑发热，尽管有时候看起来是，事实上，都是无数不满的累积。

坏的情绪、坏的习惯会累积到临界点，让你做出一个让自己都很惊讶的决定。

同样地，好的情绪、好的习惯积累到临界点，你就会成为一个连你自己可能都不认识的自己。

这也就是为什么很多朋友问我："蓑依，你为什么要一直这么努力？"因为我好奇啊！我好奇我人生的临界点到底在哪里？我现在所做的一切，都是在为这个临界点做准备，我无比相信它会到来，并为此准备好了一切我该准备的，迎接它的到来。

成长的加速度，都是在临界点之后开始的，这也解释了我身边那些很成功的创业者，至少经过了5年的发展。5年也许是创业有起色的临界点，如果你整体素质好些，也许可以起来得更快一些；但如果整体素质一般，5年也许只是路程过半而已。

好在有临界点，人就有奔头，手边的事才会变得格外重要。

## 28.学习的傲慢

2020年，也就是在我30岁的那一年我开始创业，我选择了现金流很稳定的培训领域，做得还不错。如果有一天我放弃培训，一定不是因为它不赚钱了，而是学员学习的傲慢感，让我觉得不值得在他们身上花费心血。

著名历史作家杨照老师讲过这么一件事：

有一年，他在台湾的某所大学当客座教授，当给学生们上了几节课之后，他就决定再也不去上课了，因为有一件事触犯了他的底线，这件事很简单，只是一个学生的提问而已。

有一次在课堂上，他给学生布置的作业是读朱天文老师的某个作品。等下次上课的时候，有个学员突然提问：“杨老师，为什么朱天文要用这么晦涩的方式来写作，而不是用我们习惯的语言来写，这样的阅读好有难度啊？”

就是这提问，让杨照决定再也不来这所学校上课，因为他感受到的是学生学习的傲慢。遇到读不懂的作品，马上想到的不是“我为什么没有能力读懂”，而是“她为什么写得这么难”，对自己没任何要求，对他人却有很高的要求，这样的学习态度，他是不接受的。

这个故事多少有点文艺青年的味道，有人也许会说他“矫情”，人家一个提问就受不了。但如果此刻让我做选择，也许我会做出同样的决定——我不想在傲慢的人身上花时间，哪怕是一分钟。

我的创业领域是写作，一年指导过上百名学员，80%的学员在学习过程中都会表现出傲慢之态，虽然很多时候，他并不自知。比如说我建议某些学生可以去学习一下爆款文章的写作方法，学员的第一反应会说：“我不喜欢那种爆款文章，那只是哗众取宠而已。”哪怕我费尽口舌，说服了他，让他去稍微感受一下这类文章的写作方法，他一定会在“感受”完之后说，我还是想写我比较擅长的文章。

事实上，大部分情况下，这个人没有擅长的写作方法，你都没有读过几百篇文章，写过上百篇文章，你能有什么擅长的？你是天才吗？你以为的擅长，真的存在吗？

其实，这就是傲慢，而这种傲慢，基本改不掉。

如同我们工作的时候，我特别讨厌只讲求速度的员工。有一次，我安排一名员工帮我整理一下之前一场直播的主要内容，这名员工不到半个小时就给我了。我心想，一个多小时的直播，怎么半个小时就能给我呢？当我拿过来看时，发现他用倍速的方式，把全部直播内容用“语音转文字”呈现出来，没有任何的加工与提炼，只是一堆没有重点的文字。

就是这个事情，我开除了这名员工，如同杨照先生再也不去那所大学上课一样，也许看起来都很小题大做，但作为当事人的那种无力感，真的是用不值得3个字也形容不尽的。

这就是对工作的傲慢，觉得这么简单的事情，根本不值得自己花费心思去做。当你做这么一件小事也这么傲慢的时候，你做其他事情也是一样的，只是你并不自知而已。

傲慢，就是你的格局太小了。一个内心世界宽广、见识多的人，是不可能傲慢的。

如果你正巧是一个傲慢的人，我给你一个建议：多读书。

当你拿起书来的时候，你无法专注地读书，你读不进去，你理解不了，你无法和作者产生共鸣，你不懂里面提到的常识，这会让你第一次看到自己的“小”。

接着再去读第二本书、第五本书、第十本、第五十本的时候，发现怎么每一本都一样难，一样陌生，本来以为攻克一本，其他都好说了，没想到一本比一本难，这是第二次让你看到自己的“小”。

然后，你读过100本书、500本书的时候，你发现：怎么越读越和自己之前的认知不一样了呢？怎么互相矛盾呢？到底哪个是对的呢？你失去判断标准了，这是你第三次看到自己的“小”。

最后，你读过上千本书之后，你发现，你了解的只是这个世界的千万分之一。此刻，你真正看到了你自己的位置，不以“小”为耻，而是期待再看得大一些。

文学，或者说阅读，带给人的改变，就是变得谦卑，一种令人尊重的谦卑。

尼采有一句话，我特别喜欢，他说，克服你内在的人性，才能变成自己。所谓“内在的人性”，就是那些自以为是、自私自利、傲慢无知，当你克服了这些天性时，你才能真正变成自己。而这一切的前提是，把傲慢放下，当你什么还没有的时候，你的傲慢里有一种可笑的傻气，而当你有了很多东西时，你就傲慢不起来了。

## 29.最好的友谊，是看见自己

25岁之后，我基本就不再接受临时性的聚会了。

一方面，没有什么聚会是必须马上集结的，约个其他时间也是可以的；另一方面，我已经养成了每天规律生活的习惯，轻易不会被打破。但是昨天，我打破了这个自己制定的规则。

晚上出去吃饭，没有带手机，回到家时，看到手机里依霖姐发来的信息。可是距离她给我发信息已经过去一个小时了，她说她来北京了，只有今天晚上有空，想约我见面，感觉很冒昧。我想都没有想便回复：没关系，你在哪里？我去找你。

内心顿时升腾起了一种“奔赴”的感觉，而这种感觉只和我回忆中的一件事情有关。

2015年，我成了当时的畅销书作家，要去厦门参加一个颁奖典礼，和众多的明星作者一起，可是我正读研究生，没有华丽的礼服，我知道依霖姐是做形象设计的，便联系她能不能帮我买一件合适的礼服。她下班之后，帮我找了很多的服装店，选择了几件，但是都太贵了，而且我就穿一次，这么贵太不值得了。我将我的纠结之处告诉了依霖姐。

她给我的回复是："那你什么都不用管了，你直接来厦门吧，我来负责。"我到厦门的那一天，天刚好下起了大雨，她和先生去机场接我，然后带我去她家卧室，拉开衣柜，一件件地让我试穿她的礼服，直到选到一套适合我身材的礼服。

我永远记得我去到她家时的那个场景。当时我在读研究生，没有见过什么世面，而她家的房子非常豪华、非常大，有阿姨在家里照顾，就连衣帽间都是电视剧里的样子，也是那一次在我心里种下了一个种子：真的有人在过着我梦想中的生活，拥有我梦想中的家。

那次之后，我们就没了联系，不是吵架了，也不是无话可说了，只是我的职业生涯开始了，每天在飞机火车当中穿梭，而她也是，她的美学校区一家一家地开，我们在各自的轨道上飞奔着，直到5年之后的一天，在我的城市，我们相见。

我曾经幻想过我们见面的样子，应该是在五星级酒店的行政走廊，或者一个非常精致的咖啡馆，但我们就在一家非常普通的美甲店见了面，然后去隔壁的酒吧喝了一杯酒，聊了一通关于创业中的思考和成长。

我听她讲的时候，有那么一瞬间，我似乎有些恍惚：我终于成长为一个女人了吗？从一个被她照顾的人，变成了一个开始给她的创业提出建设性意见的人了吗？我终于活成和她一样的人了吗？

我非常喜欢依霖姐的原因，就在于她真的很倔强地在坚持做自己想做的事情。

最早的时候做形象美学，她和所有人一样都觉得要教大家一些穿搭和美妆内容，但渐渐地她觉得自己的目标不应该仅仅满足于此。于是，她义无反顾地做美学启蒙，开展真正的“美育”。我问她：“你难道不担心这个事业不赚钱吗？”没错，这是我的第一反应，因为我也想开展真正的“写作”，而不是教人为了变现去写作，但我很担心这样赚不到钱。

她非常坚定地看着我的眼睛说：“一点都不用担心，你一定可以通过自己喜欢的事情来赚钱。”

她说这句话的时候，我突然想到前几天我教阅读课时，给大家讲的一个逻辑推理。

我们都知道如果一个人要大富大贵，不一定完全靠努力，很大程度是靠运气或者说机遇。对于普通人来说，很少有大富大贵的机会，大部分普通人都过的是普通生活，对他们来说选择A和选择B的差别不会太大，既然如此，何不选择一个自己喜欢的呢？

我当时信誓旦旦地讲给我的学员听，可是转眼，我问依霖姐：“我们可以通过自己喜欢的事情赚钱吗？”多么荒谬，一边相信，一边怀疑。

但在此刻，我确定无疑了：人就是在这个世界上可以通过做自己喜欢的事儿来养活自己的。

所以我说，人生有的时候需要义无反顾地奔赴自己的目的地，有时候看起来是在奔赴由于激情引起的未知，其实是奔赴一段确认：确认你也可以过上曾经让自己羡慕的生活，确认这个比你多走几步的人踏出来的路是行得通的。

朋友的意义就在于此，你不管多久不联系，但只要一联系，就可以双向奔赴。这种友谊的难能可贵之处，就是陪你看清你自己。

## 30. 用生命交换生命

成为自由职业者之后，我经常下午写完东西就出门，迎着夕阳吃着雪糕在绿荫下散步；偶尔也会在阴天的下午，去家附近的公园安静地待半个下午，再漫步回家。这一年多的时间里，我有了春夏秋冬四季分明的感受，我看到过无数次的晚霞和日落，也在傍晚被大雨一次次淋湿过。每当此时，我都特别感慨：我已经多久没有好好“阅读”过这个世界了！

很多人以为阅读这个词只是针对读书，这没有错，但不全是。人们为什么需要阅读呢？通过阅读人们才可以掌握文字所表达的信息，激发自己的真情实感，与文字所表达的情感产生共鸣。

你看，阅读多好啊，读者与作者，彼此交付出一部分感情，换来共鸣。

看电影，不也是阅读吗？在杨照老师的文章里，看他分析为什么我们现在都在说“看电影”，而不是“阅读电影”了。因为电影的阅读性在减弱，最早的时候，电影是需要阅读的，它有很多的留白和空隙。男女朋友去看电影，很可能出电影院就争执起来，因为每个人阅读到的都是不一样的东西。情侣可以借此看电影检验两个人是否审美一致。而现在呢？两个人去看电影，非阅读电影，所以看出来的信息与感受基本差不多，即便有些不一样的观点，也是在很小范围的。

换句话说，我们已经不需要去投注我们的生命经验去阅读电影了，我们只需要沉浸式地去接受电影给我们的控制，让我们该笑的时候一起笑，该哭的时候一起哭。

同样地，你还“阅读旅行”吗？应该不了吧。我每年至少会去3个不同的地方旅行，我只有一个要求酒店必须是五星级的。我对酒店都熟悉得不得了，大堂在哪里，房间在哪里，最难找的皮筋在哪里，我都知道，像是进了自己家一般。可是，这是旅行吗？

所谓旅行，不应该是去体会你在熟悉的地方体会不到的东西吗？而我却在不熟悉的地方去寻找熟悉。所以，即便旅行对于我这个敏感的写作者而言，给予的营养也越来越少，每次旅行归来都会感叹，也就那样吧，没什么特殊的。

每个地方都有每个地方的美，而我已经没有能力去阅读这样的美了。在三亚的蜈支洲岛上，傍晚我本该围着岛走一圈，然后去看看天和海的尽头，但每走一步都觉得冷，即便穿了衣服还是觉得冷，最后只好回到酒店看电视。丁老师说我这是矫情。现在看来，是我失去了好奇心，让我觉得继续往前走是没有任何意义的，最终只能放弃。

你有多久没有“阅读”过一张照片了呢？我在景区的街边经常看到那种给人画像的老师傅，以前总是不以为然，后来看历史书才知道，在照相术发明之前，人的一生只有很少的机会能够被一位画师画一张画像。人们穿上自己最好看的衣服，找一个最能代表自己性格和阶层的场景，找来一位画师，画师会一遍一遍地“阅读”他，阅读他眼角的皱纹，阅读他嘴角的微笑，阅读他手指关节的瘀青，只有把他阅读透彻，才能画出一个真正的他。

现在每个人的手机里都储存着成百上千张照片，修图之后的每个人都变得面目全非，“耐看”已经成为过时的词。我们现在形容一个女孩的美，说她有“氛围感”。你听，多半和她本身已经没啥关系，而是她本人之外的东西在塑造她。

还有音乐，你有多久没有好好“阅读”音乐了？有多久没有好好“阅读”音符了？

还有人，你有多久没有好好“阅读”一个人了？就算身边日夜相伴的人，你真的读过他吗？

还有四季，你还记得四季的样子吗？你还会在车水马龙中等一场落日吗？

阅读，从来都是用生命交换生命，当你不再去交换，想不起来去交换的时候，它就是死水一潭，何谈生机？又何谈未来？

# 第四章

# 闷声做大事才是成功的基调

## 31.未来的本质是意外

那天听罗振宇讲了一个故事。

他刚从央视出来时，为了能够养活自己，不断地接活儿。有一次，接到一个去深圳主持某个论坛的活儿。本来是很容易的事情，不料天公不作美，他刚在北京坐上飞机，深圳就下起了大暴雨，飞机无法降落，只能临时降落到汕头。为了不耽误工作，他不得不从汕头打的去深圳。一路上狂风暴雨，电闪雷鸣，非常危险，那时候他就在想：我这一辈子，就要这样继续下去了吗？

我相信这不是矫情，任何有过类似遭遇的人都会感受到：当下很可能是永远。现在我们来看今天的罗振宇，会回过头去告诉当时的他：你未来几年发展得特别好，不用担心的。但也只是“回过头”来而已。

无独有偶，趁早品牌的创始人潇洒姐王潇也讲过这么一个故事。

她辞职后开始创业，因为接不到什么高大上的活儿，只能接一些诸如会议周边定制服务之类的活。比如承接定制手提袋的活。有一次，她承接了一个为在五星级酒店举办的高端会议提供定制手提袋服务的活，经过精心准备，她本可以很顺利地完成这项工作。没想到，当她把手提袋拿出来时，发现大部分的手提袋都开胶了，没有办法，她只能去楼道里用手一个个地把手提袋再粘一遍。想象一下那是多么讽刺的画面：金碧辉煌的五星级酒店会议厅，那么宽敞，而小小的她，只能在楼道里，一个个粘贴纸袋。

那个时候，她也想过和罗振宇一样的问题：我就要这样一直过下去吗？

当然不会，她现在已经成为一名很有成绩的创业者。可是，就在那个当下，她真的会非常担心：如果永远都是如此，怎么办呢？万一无法突围怎么办呢？

如同此刻的我。我现在正在经历和罗振宇、王潇一样的阶段，虽然有心往前走，但是并不知道未来会怎样，夜深人静的时候也会问自己：我会一直这样做下去吗？不温不火的。虽然我身边的朋友都会告诉我：你放心，你未来一定会很好的。但我心里却一直犯嘀咕：是吗？一定会好吗？在对未来的预期上，很多时候我是个悲观主义者，我不认为好运再会降临在我的头上，我也不认为所有的努力都应该得到回报，有太多人付出没有回报，凭什么我就可以。

直到有一天，我听到一段话：未来的本质就是意外。如果未来的一切都和你预料的情况一样，那就不叫未来了。未来没有任何一件事情，会按照你的想法发生。所以不必想得有多糟，也不必想得有多好，做好当下，未来交给意外。

多么荒唐，又是多么真实。未来竟然是意外，我们努力了那么久，兢兢业业地不敢放松，却是由意外来操纵一切，多么不公平，又多么公平啊！

从这个角度上来说，生命就是一场冒险，你敢不敢拼尽全力去博一个机会？我的答案是：一定要。冒险的人生才值得体验，如果剧本都已经写好，知道结局是好的，过程也会变得没有任何意思。

多年前，我看过一个电影，电影女主人公就是如此，她很早就知道自己未来会继承一大笔财富，未来会嫁入豪门，过上几乎所有女孩梦寐以求的生活。但她却痛苦不已，因为每个选择都不是她想要的选择，好像冥冥之中有一只手在控制着她，让她无法尊重自己的意愿，所有人都恭喜她做了好的选择，只有她自己泪流满面。

年轻的时候，看不懂这一部影片，还和同学吐槽：要是我过上这样的生活，无论让我怎么样都可以。现在回想起来，当时的自己真的好天真，按照我叛逆的性格，我要是过她的生活挣扎的痛苦只会更强烈。

后来，我和已为人母的朋友聊天，她告诉我，她把孩子的未来安排得妥妥当当，几岁学什么，几岁出国，几岁读什么样的学校……虽然她的孩子现在才3岁。如果放在以前，我可能会很羡慕她，有资本来给孩子筹划未来，而且每一笔筹划都价值不菲。

但是当我意识到“未来是意外”的时候，我对她说：“你的孩子面对的是10年、20年后的世界，你怎么知道10年、20年后的世界是怎样的？”

我说出这句话的时候，她显然是吓了一跳。她说：“是啊，未来很多国家的孩子要来咱们中国读小学、初中也说不定哦。”然后我们俩泯然一笑。未来的不确定性是头猛兽，潜伏在我们身边。

有时候，且不要说日子还长，就说当下，已足够让人唏嘘。年初，一个在教培机构工作的朋友还和我说她年终奖发了十几万，但就在上个月，她被离职了，因为整个教培行业，从疫情前的风头正茂，成为现在的众矢之的。这种结果是她之前怎么也想不到的，也是她的老板之前怎么也想不到的。

未来的本质就是意外，这个意外，让人不胜唏嘘，可谁不是唏嘘过一生呢？

## 32. 你当大人的时间，其实很短

每个想在婚姻中感受到爱的女孩，应该会不止一次地追问过自己的老公：我是不是你的小公主？我是不是你的宝宝？尤其是六一儿童节的时候，这些“非儿童”的女生一般是呼声最高的，好像大多数女孩内心还是想要像孩子一样，得到对方的保护。

我也一样。今天早上坐火车前，我还矫情地问丁老师：“我是不是很乖，这么早就自动起床了？”他摸着我的头说：“特别乖，听话，赶紧走吧！”然后我才出门，这一幕特别像小时候我对我爸爸撒娇的样子，做了一件特别小的事情，也期待得到认可。

是啊，无论外表多么坚强，我内心依然觉得自己是个孩子。坐火车到家后，听我妈妈讲了一些故事之后，我突然想当一个大人了。是不是很幼稚？但也很沉重。

姥爷去世后，姥姥就由我妈妈的4个兄弟姐妹轮流照顾，在每个孩子那里住一个月。几年过去了，大家也都相安无事。但是渐渐地，姥姥的心脏病越来越严重，犯病的频率增加了很多。这次我回家，姥姥刚从我家离开，我妈说过去的一个月她几乎没有睡过一个完整的觉，因为姥姥现在太像孩子了，必须有个人一直盯着，以至于我妈想要辞职，全身心来陪姥姥。

为什么说她像个孩子呢？我家在6楼，没有电梯，姥姥上下楼极度不方便，单次上楼可能都需要半个小时，但尽管如此，她还是愿意往外跑。我妈为了阻止她，把钥匙藏起来了，她依然能想尽各种办法把钥匙找到。因为其他孩子家洗澡不方便，她就在我家狠狠地洗澡，一洗就是半个小时，我妈担心浴室内湿气太重，不利于她的心脏，她不听，一次次地恳求我妈让她多洗一会儿。也是因为患糖尿病，我妈严格控制她的饮食，但她还是像个小孩子一样，喜欢偷偷吃糖。

夜晚是心脏病的高发期，每当姥姥心脏有一点不舒服，就像个孩子一样喊我妈的名字，我妈如果听不到，就一直喊，特别像我们小时候睡不着哭闹一样，因此，我妈不敢睡着。

在农村，有个词叫作“老小孩”，老人都是小孩，像小孩子一样依赖人，喜欢耍脾气。

不仅我姥姥这样，我的爷爷奶奶也是一样。因为年龄太大了，遇到好吃的就不顾一切地往嘴里送，生怕别人抢。有一次，我给爷爷买了他爱吃的罐头，给他打开后，他几乎一两分钟就全部吃掉了，就在他身边有一个亲戚家的小孩子，他好像没注意到一样，只顾着自己吃。

我很想像责备小孩一样责备他，可是怎么说得出口呢？他这一辈子没有吃过多少好东西，几块钱的东西，都不能让他吃个够吗？

奶奶也是一样，喜欢攀比，别的“小朋友”有的，她也一定要有。家里的立式空调一安装就是两个，虽然他们的身体都不能吹空调，但是也要买来，放在家里，不为好用，只为好看。

妈妈说未来这几年，应该是她人生中最艰难的几年，身边的几位老人年纪越来越大，也越来越离不开人，都需要有人时刻紧盯着，才不会出事。她说这些的时候，我突然很感慨：我上了高中之后，我妈妈才真正从养育孩子中解脱出来，也就是差不多15年的时间，她就要再次“抚养孩子”了。

一个上有老下有小的女性，也许只有10多年的时间，可以做点自己的事情，而不用和“孩子”有关，当然前提如果她足够幸运，很多女性连10年属于自己的时间都没有。

想到这里，我不想做“小孩”了，“小孩”更可爱的畸形审美要在我这里结束了。

我今年31岁，也许未来两三年之内，我就要开始养育我的孩子；而当我把孩子养大，孩子上了初中之后，我喘口气，也许仅仅三四年之后，我就要再养育双方父母亲这样的“孩子”……

我们能够真正只和“大人”有关的时间，太少太少了，而在这个世界里，我们又有那么多状态需要去探索。

我们还没真正成为大人，就要被迫成为“孩子”的大人；

我们还没感受什么是真正的长大，就要在现实中证明自己已经长大；

我们还没把想当孩子的心放下，就要担负起去照顾“孩子”的职责了。

你人生中有好多年都会和孩子打交道，就别再把自己当作孩子了。

你要成为大人，独立的大人。

## 33. 大多数人，都是缺乏被爱的能力的

郝蕾在访谈中说她觉得自己是特别缺乏接受被爱的能力。

这句话击中了我，仿佛唤醒了我内心沉睡多年的那块土地。我们经常说爱人是一种能力，很多人是爱无能，但对我来说，也许接受被爱才是更需要修炼的能力。

我不太喜欢亲密反馈。

大学毕业后出书，去各地做分享会的时候，经常遇到读者说："我好喜欢你啊！""蓑依，你真的很厉害！"我每次都淡然地说："谢谢！没有的事儿！"因此读者夸我："接地气，不骄躁！"其实只有我自己内心知道：我根本听不进去这种夸奖。

后来，我开始谈恋爱了，在这种关系中我一定是付出较多的那一方，因为我总觉得别人比我更需要爱，而每当对方给我很多爱的时候，我一般都"清汤寡水"地接受，以至于每次男朋友"求抱抱"，我都会说句"这么大的人了"，潦草收场。

这些年，我一直在付出爱，无论对家人、朋友还是同学，绝不吝啬自己能给予的一切，因为我很早就明白，有舍才有得，你要

先付出，才会有收获。可是，我时常问自己：我真的有接受那个“得”吗？真的有“接受收获”吗？

答案是：其实非常少，接近于无。

我出生在一个不太会表达感情的农村家庭，现在我已经31岁了，从来没有在父母面前撒过娇，更不要说彼此拥抱，因为这种举动在日常生活中会显得很突兀，所以从我出生到现在，对外进行情感连接的通道一直都没打开，我也很少和朋友拥抱，和同学拥抱，因为觉得没有必要。其实，这恰恰是最必要的事儿，当你打开自己的内心，哪怕只是一个简单的拥抱，你的幸福感也会高很多，你连接到的爱的能量也会很多。

后来，我逐渐长大，一路靠自己披荆斩棘，在每个需要考学过关的当下，都心无旁骛、全力以赴，像一名100米比赛的运动员，脑海中只有一个目标：以最快的速度抵达终点。所以在这种全身心扑在“好未来”的人身上，是没有时间接受被爱，没有心情去品尝被爱，没有能力去接受被爱的。

多年前，和一个著名的心理咨询师朋友聊天，她问我说：“你是不是不太信任别人？”我也很坦然回答“是的”，当时她问我觉得这是为什么，我的回答是我父母在年轻的时候做生意，被别人骗过很多次，所以我长大后，就对人很有警惕。她接着问还有什么原因时，我说没有了，应该只有这个。

那个时候，我才20岁出头，而现在，10年之后，我会再给他一个理由：因为我把别人进入我心门的途径堵死了，我不信任他人，何谈接受别人的爱呢？我相信他如果听到这番话，应该会点点头。

你是不是觉得这就是我为什么不能接受被爱的原因了？小时候原生家庭里没有被培养出良好的情感连接能力？对个人成长全力以赴，因此没有时间关注爱与被爱这件事？还是说缺乏对别人的信任，不想别人走进自己的世界？

其实，都不是，也都是。

因为所有的一切，都指向：我太想证明自己了。

去年和朋友聊天，朋友看到我身心疲惫的样子问我："你为什么要走这条路？你好好把工作干好，不比这赚钱多吗？不比这生活质量好吗？"我反驳她："可是我不喜欢那种生活啊，我还是喜欢自由地做点事情。"然后朋友问了我一个几乎是致命的问题："你是喜欢自由自在，还是仅仅要证明自己？"

如果不是因为是特别好的朋友，我估计会甩脸走人："你也太自以为是了吧？你以为你比别人更了解我自己吗？"当然，我知道，她戳到了我的痛处。

在30岁这一年，我也一直反思：为什么我非得要那么好胜？明明我什么都有了啊？可是为什么我还要让自己这么累？累到没有生活，累到幸福感那么低？

我找到的答案就是：我太想证明自己了。

人生每个阶段想证明自己的指标是不一样的，或者说是节节攀升的，这是一场永无止境的比赛。我之所以辞职出来创业，很可能只是因为我觉得这是一个人单枪匹马创造属于自己的一个世界的方式，是证明一个人最大能力的方式。

可是，我没有想过，证明自己了，又能怎么样呢？

我没有想过，证明自己的背后到底是想证明什么？

多么荒唐，在听到郝蕾说话的那一刻，我被击中的内心感受，就是我潜意识里一直想证明的，我是值得被爱的。

多么荒唐，放弃被爱，不接受被爱，然后把所有的时间和精力都放在拼尽全力地证明自己上，到最后，都会回到原点，就是为了能让自己理所当然地接受被爱。

转了一个大圈，回到原点，就像西西弗斯一样，一辈子都在推石头，推上去掉下来，再推，再掉下来……如此反复，我不也是一样吗？也许我们每个人的人生里都有一面是西西弗斯，看似一辈子都在努力，但都在徒劳无功地重复。

当我想明白了这一点，我开始尝试每天接受丁老师的拥抱，我开始把别人的赞美都收集下来，我开始稍微慢一点，等等爱。

## 34. 为什么有些人说话那么直?

说来也很奇怪，我在25岁之前，是不知道自己说话很“直”的。

25岁的时候，我出版了第一本书《这世上的美好，唯你而已》，编辑给我的推荐语是：泼辣毒舌、一针见血。后来我去各地做签售会，通过读者的反应证明了这一点，印象很深刻的是每次我特别直地说话的时候，台下都会哄堂大笑——有效果。

后来，出版的书多了，读者也多了，他们给我的反馈是：蓑依，太直接了，一针见血地说狠话。现实生活中，身边朋友给我的反馈是：我就喜欢你的直接。

于是，说话直这个事儿和我捆绑在了一起。

最初，我是接受我的直接的，心想直就直呗，反正也没伤害到其他人。后来，随着职场生活越来越丰富，我发现不行，我的直是会伤人的。

在《我是演说家》工作时，我带过的每一个实习生都被我弄哭过，不是因为我给他们穿“小鞋”，而是我非常直接地点明对方的问题所在，让他们立刻改正，他们给我的反馈就是：哭。这个时候，我反而会变本加厉地直：哭什么哭？哭有用吗？解决问题才有用，你以为你一哭，事情都能解决吗？

后来，我自己带团队，自己开公司，都是一样直来直去地说话。

我人生中的第一个员工，就是活在这样的日子里。工作做得不好的时候，我马上就能发现原因，我会特别直接地点明要害，所以第一个和我一起工作的员工，特别不开心，简直每天活在一个“巫婆”的控制下。

也是因为这名员工，我开始反思自己：是不是和她没有关系，是我太直了，让人家不舒服了？后来，我和很多人聊过这个问题，很多人给我的答复是：是的，你就是太直了，这样不好，你会吃亏的。

的确，我就是在吃亏啊，一边我要为我的员工付薪水，一边我还要和她生气，没有一点好的地方。那怎么办呢？我改。

于是，我试着面对我不喜欢的事情时，尽量不说话，保持沉默；在遇到我不能接受的事情时，也是冷着脸，但绝不发表意见；遇到喜欢的东西，也不蹦蹦跳跳了，只是微微一笑，虽然不倾城。这样的结果是：我坚持不了几天，就装不下去了，一朝打回原形。

后来，有一天，我看一个女明星的访谈，她说她也有这个困惑，不过她现在已经放弃这种挣扎了，因为她觉得“对自我的觉知”胜过一切。

虽然这句话有些自私，但戳中了我。是的，你以为我说话直，其实是我对自己的觉知负责，遇到喜欢的就说喜欢，遇到不喜欢的就说不喜欢，遇到开心的就大笑，遇到不开心的就冷下脸来，尽量不去控制觉知，哪怕得罪人。你受着这个“苦”就好了。

对于写作来说，没有比觉知更重要的因素了。写作者，靠觉知，靠对外在内在事物的感知，才能不断创作；如果你要求一个作家，不要有感知，或者尽量考虑大部分人的感受，那他一定无法持续创作出优质的作品。

觉知是写作者的生命线，而这个生命线，很多时候可能是以不讨好别人为前提的。这和情商没有什么关系，只在于你对自己的重视程度有多深。

在尽量不伤害别人的前提下，待人接物直一点，也许距离创作欲望，就近一点。

## 35. 我们都生活在生活的表层

不知道大家内心有没有这样一种感受：别人所说的话、所做的事，自己是无法真正做到感同身受的。如果你此刻默默地点了一下头，就证明我所说是对的，但我相信明天你和朋友聊起来的时候，你还会装作感同身受的样子。

我想告诉你的是：无法做到感同身受，是非常正常的，因为我们都是生活在表层。

前不久回家，妈妈告诉我，我的初中同学出车祸去世了，那一刻我的心被撞击了一下，觉得好遗憾，他还没有真正开始自己的人生，怎么就这样消失了呢？但5分钟之后，我似乎忘记了一切，看着剧大笑，吃着零食玩游戏，仿佛这件事情完全没有发生过一样。

是我自私吗？不是，我真的为他的不幸难过，可是即便如此，我也能在很短的时间里忘记。

很多人都想活得深刻，想去探究事物最本质的东西，而我想说：简单的人，也是真正有智慧的人。

英国有一位著名思想家——柏林。在他年岁很高的时候，有记者采访他：“你为什么可以活得如此安详愉快？”他的答案令所有人惊讶，他说：“别人不晓得我总是生活在生活的表层。”

这样才是真正有智慧的人，是真正的思想家，不用思想“捆绑”自己，就这样简单地活着，何尝不是人生一大乐事呢？

很多人喜欢汪曾祺先生，喜欢他对待人生的态度，喜欢他文字里透露出的洁净，而这一切，都源于他简单地活着，在生活的表层活着。

汪老先生是一个经历过大苦难的人，他历经了抗日战争时期的辗转流离，大半辈子都在颠沛流离中度过，就连他喜欢的文学创作也不给他早崭露锋芒的机会，60岁之后，他的文字才被更多的人看到。

很多人拿汪曾祺和他的老师沈从文先生做对比，我很喜欢一位作家对两人的评价，他说：依我所见，汪老自己可能并非天生如沈先生那样，是星斗流水、天生如此的纯然“散仙”，他比沈先生更聪明，有点小狡猾，所以更通透。

这里的“更聪明”“小狡猾”“更通透”，其实就是他能更简单地生活在生活的表层。

他不想那些政治体制，也不谈论国家大事，他吃好吃的面，腌好吃的蛋，看漂亮的花，喝一杯清香的茶，简单地过好每一天的生活，这样让他活得更轻松。

是的，简单能够让你转移注意力的，其实，也是一种智慧的选择。

生活在深层有时候是很容易的，只要你拥有某种韧性，闷头前行，总可以无限接近；走向表层是很难的，你需要剔除掉那些“自以为是”，那些“深刻的觉知”，要揣着明白装糊涂。

不求显贵，不想为人刻薄，只想平静温柔地享受生活，享受生活里的美好事物。贾平凹在一首诗中这样评价汪曾祺：“是一文狐，修炼成老精。”在滋养自己这件事上，他的确“成精”了。

叔本华在《要么孤独，要么庸俗》中说：“对于一个年轻人来说，如果他很早就洞察人事、谙于世故，如果他很快就懂得如何与人交接、周旋，胸有成竹地步入社会。那么，不论从理智还是道德的角度来考虑，这都是一个不好的迹象。这预示着他的本性平庸。相反，一个年轻人对世人的行为方式感到诧异和惊讶，并且与他们的交往中表现得笨拙、乖僻，则显示出他有着高贵的品质。”别过早成熟，尤其是你以为你正走向生活深处的成熟。

笨拙一些，简单一些，表层一些，不丢人。

## 36. 闷声做大事

2020年，我决定创业。

按照过往看到的别人创业的经验及我对创业的理解进行探索，那时我对“酒香也怕巷子深”非常笃定，所以创业第一年，我以朋友圈作为宣传阵地，不停展示我有多优秀，我做的事情多么有意义，我的课程有多么的好。

那个时候，看到自己夸夸其谈的样子，自己都觉得讨厌，但是我对自己说：创业就是这个样子的呀，如果你不宣传，不自夸，别人怎么会知道呢？而且，你看，哪个人不是在竭力吆喝自己呢？

更何况，这都是个人品牌打造过程中的一部分。

我是从个人品牌商学院出来的，也就是帮助企业家出名的，你看，做得再成功的企业家也要出名，也要宣传自己，我的讨厌只是我不习惯而已，习惯了就好了。

就这样，每天在自己朋友圈推文中一批批招生，维持着稳定的现金流，可是“讨厌自己的感觉”越来越浓烈，无论怎样也说服不了自己去习惯，因为我不是这样子的啊！

终于到2022年，创业一年半的时候，也许上天也看不下去了，给了我一个机会。

一个阴差阳错的机会，我开始经营某个自媒体平台，因为其他平台没有做起来，就想着抓住最后一根救命稻草，能救多少就救多少。我花了很多的时间和精力去研究，去创作。结果天不负我，我的运气好到爆棚，数据量飞速增长，仿佛回到了我出版第一本书之前的感觉，我从中看到了很大的希望。

但这一次，我再也不想发朋友圈来晒我的收获了，虽然这个收获非常惊人，会收到很多人的赞美。我好多次写出了文案，但在发出后又秒删了。

因为，我的内心开始畏惧了。

我的畏惧有两个部分：

第一，我怕打脸。我担心自己刚给大家展示结果，接下来就滑铁卢。如果背负很大的心理压力，会很难写出高质量的内容。我不想借别人的眼睛去印证、去证明自己，不想活在任何人的世界里。

第二，冥冥之中有一种力量告诉我要懂得蛰伏。仿佛我只要蛰伏，就能有好运气。不知道这是长期积累的自我暗示，还是我真的展示累了，想停下来的心理在作祟。

当我有了畏惧之心，不再绞尽脑汁去销售我的东西时，我发现自己更能沉潜创作了，以至于我开始有了敬畏创作的感觉。

每篇文章，至少起3个标题，和同事一遍遍修改、投票；

视频剪辑，反复修改，确保每个画面都是有节奏的；

想把一个故事讲述好，写一遍不行，就写第二遍、第三遍；

以前创作一个东西用10分钟，现在用一两个小时。

没有时间去和别人聊天，也没有时间去教育别人，就想把自己手头上的事情做好。

《菜根谭》里面有句话是这样说的："鹰立如睡，虎行似病，正是他攫人噬人手段处。故君子要聪明不露，才华不逞，才有肩鸿任钜的力量。"也许我们现代人都太精明了，太想"割韭菜"了，太想快速拿到结果了。这没有关系，但是有一个前提，就是你是否已经有了足够的能力、积累和自信。

其实，我创业的这两年，是颠倒的。我应该在第一年做蛰伏，第二年高调做事，但我反过来了，现在一切才重新开始。

哪怕你想成为一把镰刀，也要花费时间把刀磨好；倘若你不想只是一把"镰刀"，那请你闭嘴，俯下身去，孤独而自信地蹚出属于你的路。

## 37. 夏天傍晚，我在沙发上睡了一觉

看到这个题目的时候，你很可能说：矫情，不就是睡了一觉吗？也值得大写特写？

是的，值得永远留在我的记忆里。

傍晚，和丁老师出去吃灶台鱼，就在家附近，慢慢悠悠地走着，很快就到了。鱼肉鲜美肥厚，在大锅大火的炖煮下，香气袭人，馋得我即便烫嘴也要赶紧吃上几口。饱食之后，两个人趿拉着拖鞋，像是树懒一样慢吞吞地走回家。我本只想躺在沙发上稍微休息一会儿，不知不觉就睡着了。

当然是耽误事儿了，本来和朋友约好的电话时间就这样错过了，但是我真的很开心，不瞒你说，这是我第一次在北京的傍晚睡了一觉。

我是长期的失眠患者，入睡极其困难，以至于我厌烦睡觉，因为它对我来说，是个很艰难的模式，严重到什么程度呢？我平时午觉都在沙发上睡，坚决不上床，因为只要躺在床上，我的潜意识就会告诉我：你要面对失眠这头猛兽了。内心就有着莫名的焦虑，使

我难以入睡。

所以，我特别珍惜每一次自然入睡的机会，就像今天一样，没有刻意，自然而然，如同一幅水墨画，淡淡地晕染着就荡开了，浑然天成，仿佛有神眷顾。

我为什么这么欣喜自己在北京的傍晚睡着了呢？除了上面说的入睡艰难之外，还有很重要的一点：我是一个对睡眠环境特别警惕和挑剔的人。

今年是我来北京的第五年，在这5年的时间里，除了晚上和中午，我从来没有在家以外的地方睡过觉。因为我总觉得那些地方不属于我，没办法完全放松下来，仿佛身体里住着一头小兽，时刻睁大双眼，竖起双耳，警惕这个并不属于我的城市。

丁老师无数次对我说："这座城市很有安全感啊，你看，我的父母都在这里，他们对你那么好，你在这里有家了，不要再觉得自己是漂着的了。"

每次他这样说，我都嗤之以鼻："你懂什么？你以为嫁到北京，就是在北京有家了吗？"但他依然是频繁地给我输入他的观念："你在这座城市的人际关系越来越多，你很可能几十年都不会离开这座城市了，你试着接受吧！"

这些观念是有用的。我开始放松，开始不那么逼自己努力，开始想象自己在北京生活的每一天都在老家，在父母亲身边一样，偶尔约公公婆婆吃顿饭，也接受他们送来的茶米油盐，有时候一整个下午就去咖啡馆里坐着，喝杯咖啡，发发呆，不是为了休息，就是为了感受这座城市，还有窗边经过的人……

这样的放松也是有用的，我终于在夏天的傍晚睡着了，这是我梦寐以求的画面，因为我上一次在夏天的傍晚睡着，还是在上中学的时候。

那个时候，我家还住在学校的家属区，邻里之间都非常熟悉。夏天的傍晚，在路边有风的地方架张小桌子，每家每户都拿出自己的拿手好菜分着吃，本来半个小时的吃饭时间，硬生生被拉长到两三个小时。

我插不上话，就自己拿个凉席，躺在凉席上看天，或者看书，看着看着，在周围人交谈的笑声中，就不自觉地睡着了。他们一边给我轰蚊子，一边继续唠嗑，直到大家聊困了，父母亲就喊我起来，回屋睡觉。

我很多次被叫醒的时候，都会说一句："怎么天已经黑了啊？"他们都笑我："你睡了多久了，都不知道啊！"

你看，小时候，我是不失眠的。

我好怀念那些年的夏天。我从来没有想着要走出那个小镇，我也不知道未来自己会过上怎样的人生，我甚至不知道我能不能考上高中，但是我快乐啊，那种没有压力的、没有思考过的"躺平"，是青春最美好的样子。

一晃15年过去，我终于又在夏天的傍晚睡着了一次，没有做梦，起来只是口渴，有一瞬间想：要是我妈在身边多好啊！我就可以说："妈，给我倒杯茶！"当然，现在有丁老师在身边，只要我喊一声他就能倒，但，还是希望醒来时身边那个人是我妈。

于是，躺下来轻轻闭着眼睛，许个心愿：等我再次睡醒的时候，妈妈在我身边，就像小时候一样……

## 38. 活着就要慢慢等

有一天看徐皓峰的演讲视频，其中讲到两个细节：

一是，他在谈到北京胡同时说，真正的胡同建筑文化是不用油漆刷墙面的，而是用原生态的木头，新木头肯定不好看，等过上几年，木头在雨水、日照的冲刷下逐渐变色，年头越长，颜色就越好看；

二是，当别人问他你写完文章是否会修改的时候，他说写完文章，放上两个小时，然后再来看，这篇文章的瑕疵就都出来了。

许知远评价："这是对时间的信任，无论是胡同里的木头，还是徐皓峰笔下的文字。"

徐皓峰摊摊手说："活着就是要慢慢等嘛，你能等出一些很好的东西来。"

是的，徐皓峰等来了他的好东西。

他和贾樟柯是大学同学，梦想是拍出一部致敬现实的电影，但是时代不给他机会，做了几年专题片导演之后，就在家里"躺平"

了，跟着二姥爷学武术，消遣时间。等他二姥爷去世，他写了一部《消失的武林》，一时间沸沸扬扬，终于也有人愿意花钱请他拍电影了。

他等来了他的电影。

要对时间信任，要做一个长期主义者，这是我一直对自己说的话，但是有时不免有些不自信，也时不时地敲打一下自己：慢慢等，真的就一定能等来好东西吗？

我曾经把这个问题，抛给过一个成功的企业家，我问："你真的相信持之以恒的努力，就可以带来好的结果吗？"

他没有正面地回答我，而是问我："你觉得有多少人能够真正做到持之以恒地努力？你能做到吗？"

当时我慌了："我问你问题，你咋转着圈又抛问题给了我呢？"

但在之后的人生里，我时不时地想起：是啊，我期待未来时间可以回报我的信任，可是我经常是离开它去做别的事情，凭什么就欺骗自己一直在努力呢？

比如说我的梦想之一是写出非常好的散文，我对自己说只要努力去积累，再多写上几年，一定会有很大成长的。但我转眼就去做培训了，就去做自媒体了，我在这些方面特别努力，但并不妨碍我在写散文这件事情上的努力，那什么时候会给我回报呢？我不知道，但我相信会有的。

什么叫对时间真正的信任？我可以讲个关于我一个铁哥们的故事。

我和他是大学同学，考研的时候，他成为我们学校有史以来第一位考上北京电影学院的同学。研究生3年，他非常努力，是各大电影节的志愿者以及各种电影书籍的创作者，同时也兼做一些电影考研培训机构的老师，几乎从没有浪费过时间，但即便如此，他还是没有能力拍一部属于自己的电影，虽然剧本他已经写好两三年了。

每次和他吃饭，虽然没有人问电影的进展，他都会自己来提：某导演看了，说很好；给了某机构，在等消息……反正总有进展，却总没有结果。后来，我们都不好意思再提这件事了。突然有一天他通知我说，自己注册了一个影视文化公司，如果再没有人要剧本，他就要自己做电影了。

做电影这件事太大了，但从资金的体量上来说，就不是我们这些普通人能驾驭的，但是他毫不畏惧，有了公司之后，从其他公司一点点合作小片子开始，他一直在努力期待未来有人能成为一起拍电影的合作伙伴。

终于在他研究生毕业4年之后，他告诉我们他的电影要拍了，只是因为没多少钱，只能拍成网络电影，我们隔着屏幕都为他感到开心：只要能拍了，管它在什么平台播。

就当我们觉得他的时机已经来了时，上天又和他开了个玩笑。前不久，他告诉我们，电影正在进入后期，但是一个合作方撤资了，费用不够，他需要借债来完成最关键的最后一步。

我不知道这部电影能否如期上映，也不知道这个电影的质量如何，我只是确信：10年之后，他一定能成为一个小有名气的导演或者编剧。

很少有人的处女电影就能够走红，他应该不属于天才一类，但凭借他对电影的这种超出常人的热情和执着，凭借着他对时间的信任，我相信他可以，我相信苍天不负有心人。

我还记得当我把这个故事告诉爷爷的时候，这个不识字的农民是这样评价的：“这个小伙子了不起！老天长眼呢，他没有那些花里胡哨的心思，心全部用在一件事上，厉害得很。”

年过30岁，我早就不再对长期主义本身非常执迷，而是愿意对时间诚实，永不停止我们前进的脚步。

## 39. 你得有“相”

你有多久没有好好看过一个人的脸了？

前段时间，我去三里屯逛街，看到一个满脸皱纹的老太太，穿着很家常的粗布衣服，在这个被称为“宇宙中心”的地方显得有些格格不入。我仔细看了看，正巧她也回头，怎么说呢？对视的那一眼：我觉得她比我年轻。就是她的眼睛很亮，没有疲态，温暖得像一束光。

那个当下，我想，她一定活得很好，无论她在生命里经历了什么，她都有能力应对。

是的，从一些人的脸上就可以看出生命的端倪。

在更早的北京街头，两个人吵架了，很少会去报警，而是找个人评评理、给个说法就得了。这个人找谁呢？大家都会心照不宣地找习武之人，因为这些人脸上“挂相”，长着一张正义之脸。经由这个人评点之后，两人心服口服地离去。

这让我想起，有一次和一位知名女作家聊天，那个时候我还在读大学，我去找她，说我写了一些诗歌，您能否帮我指点一下？临走时，她对我说，你一定要坚持写下去，未来一定可以成为很漂亮的作家。我当时以为是“片汤儿话”，到了现在才明白其中深意。

30岁那一年，经历了很多创业第一年该经历的不如意。团队的人员不合适；创业的模式有问题；亲密关系紧张……当与许久未见面的父母见面的时候，他们感叹：“怎么突然一年就觉得你老了呢？”其实没有老，心态年轻着呢！只是不如意，不满足，不快乐，很容易挂在脸上。

所以后来，我放慢节奏，有事无事去书店逛逛，在咖啡馆里无聊地坐坐，即便再忙，也给自己留出喘息的时间。有时候，仅仅是希望自己好看一点，是那种化妆也很难达到的好看。

人活一生，就活个皮囊。这个皮囊着实没那么好养活，需要我们从“底子”上自洽，不然脸和心是反着的，口和心是断着的，耳朵是听不到心跳的，那整个人就散了，整张脸也就垮了。

## 40.不下跑步机

30岁之后最明显的变化，就是离不开跑步机了。

北京这样的城市，对户外运动的人来说是不太友好的，尤其健身房距离上班和居住的地方比较远，去健身房就变成了一件需要毅力的事儿；其次，你也不能随便找个街道来跑，路上都是飞奔的车，空气不好，也不安全。

30岁时，我买了一个跑步机，形影不离；后来因为搬到另外的城市，只能送给朋友；当我再次回到北京的时候，又买了一个跑步机。

在跑步机上待久了，发现了一个门道：无论如何，都不要下跑步机。

早期跑步的时候，我每跑2千米就停下来休息一下，喝口水，擦擦汗，缓和一下我的意志力，毕竟从走上跑步机起，每一步都是靠毅力来支撑的。但是这样的结果往往会更糟糕：本来能跑5千米的，跑到4千米的时候，就想休息了，因为觉得跑的时间太长了。

本来休息是为了更好地奔跑，但事实上休息变成了奔跑的困难，有了一次休息，就想休息第二次。

后来，我就学聪明了。每次都是跑完5千米再停下来，无论中间多么想休息，都不下跑步机，最多只能把速度调慢当作小休息，这样的好处就是我能在相对较短的时间内完成运动，一鼓作气，不用再消耗更多毅力。

我把这种“跑步机哲学”应用在我的所有事情上。

创业这件事是这样的，我从来不想和别人拼速度，我要拼的是我一直在这个赛道上，无论竞争对手是谁，无论他的成绩是多么优秀，都和我没有关系，我就在这个赛道上跑啊跑，跑完第一个5千米，继续跑下一个5千米……

日常的工作也是如此。如果我手头在做一件事，中途有另外一件事插进来了，我一定先把手头上的事情做完，再做另外一件事，我认为这是做事情最快的方式。

连谈恋爱也是一样。其实很早的时候，我就确定现在的男朋友会是我未来的丈夫，但是现实中经常吵架，有时会想分手，觉得或许有更合适的在后面。我一直没有说出“分手”这两个字的原因是我还不想下“跑步机”，我还能跑，那我就再多撑一会儿，没想到撑着撑着，越来越确定选择这个人是对的。

如同我写当下的这篇文章也是一样。写着写着就觉得没有那么好，就此打住也可以的，但不行，我不能下“跑步机”，我要把它写完，写完之后再修改，也不能歇一会儿，放一会儿。

不下跑步机，或许很多人理解为长期主义，或者毅力，我觉得本质上，就是在跟自己较劲。总觉得自己还有很多的劲儿没有用完，还想再拼一把，而不是摊开手说：好吧，我累了，你们玩吧。游戏那么好玩，你又有劲儿，凭什么把快乐转手他人呢？

# 第五章

# 你走的每一步，都应该是走在路上

## 41.精致到发丝

某个超级读书IP准备做一个达人孵化计划，他们联系了我。我觉得条件各方面都不错，有必要聊一聊，就和他们的负责人深入沟通了一下。最后他们给我一个建议："下次录短视频的时候，你能否请一个化妆师？至少得准备10套衣服从中挑一挑？"

言下之意，我很丑？我很坦然地问："是不是觉得我即便化个妆，还是不吸引人？"

他们同样直爽地说："不是吸引不吸引人的问题，而是你现在看起来根本不像是个月入10万元的。"

其实这已经不是第一次有人这样说了，就连我的实习生，也这样建议过我。她现在已经是抖音百万大V，有一次录制视频前认认真真地对我说："姐，你下次录视频，选一些有质感的衣服，然后好好化个妆。"

我不是没有想过这个问题，的确，自媒体平台上的每一个人看上去都活得很精致，但是我不想这样子，我宁愿被认为没有钱，我也不想打扮自己。

那天看抖音，刷到北京大学的数学天才韦东奕的视频，我特别感动，他穿着普普通通的衣服，头发也支棱着，手里拿着一个矿泉水瓶子和几个馒头。那个时候，我并不知道他是谁，只是觉得这个人看起来很像天才的样子，外貌又有点憨气，点燃了我心中崇拜的感觉。得知他的身份后，崇拜感更加强烈了，有些人的天真是不会随着时间泯灭的。

当然，我毕竟不是“韦神”，我也没有不修边幅到他那种程度。我每天穿很舒服的衣服，干干净净的，家里有LV包我不背，我只背几十元钱的包；家里有宝格丽的项链我不戴，我只戴1000元左右的项链，很多时候项链也不戴；家里有很多上千元的衣服我不穿，穿着几十元钱的衣服就出门。我也喜欢精美的东西，但是总觉得那些东西不日常、不舒服，穿戴上身后感觉自己时刻得提着一口气，索性就放弃了。

但镜头不允许我放弃。如果我想吸引别人来跟我学习，跟我上课，就要打扮成她们想象当中的样子。家里的家具都很精美，到处都是鲜花的香气，我穿着高级材质的衣服，翻阅书籍，喝手工咖啡，温文尔雅，知性大方，我要扮演成别人理想中的样子。

说到底，还是我不行。如果我是明星，也不能随便穿，大家对梦想衣着的苛刻程度更厉害。所以，无论我是谁，只要我想获得众人的目光，就得扮演好别人理想当中的角色，“目光”等于“严格要求”。

是的，我说服自己了，我要克制自己的懒惰，在日常生活中要对自己严格要求，不能随便。也许没有人会通过你邋遢的外表看到你真实的内心，同样地，也没有人通过你身上100元的服装看到你10万元的月收入。

所以，精致起来吧，从你发朋友圈的照片，从你的每一个视频，从你的每一次直播，慢慢升级。以后看到那种虽然收入可能是月入1万元但每天光鲜亮丽的人，多几分敬意，也许人家比我更早感知到商业社会的规则，并且乐在其中。

我这个学徒，要上路了。

## 42. 只有勤奋是不够的

当我决定创业的时候，一位投资人朋友问我："你觉得你最大的竞争力是什么？"我非常有底气地说："勤奋和韧性。"他没有说话，我继续自我安慰式地补充道，"反正我不怕失败，无论怎么失败，我都会爬起来的。"

我也是这样做的。知识付费行业，最大的难点在于招生，我告诉自己：创始人必须是公司最大的销售。于是，开课前一天差10个学员时，我坐在电脑前一动不动，私聊了50个人，不断地被拒绝，很多人压根不回复，但好在还是有10个人答应来报名。凭着这种"不要脸"的精神，我把一个班级凑齐了。

凑齐学员人数的那一刻，我的脑子整个木掉了，因为长期盯着屏幕，当观望周遭的环境时，感觉有点恍惚。但这都不算什么，最让我印象深刻的是：招满学员之后，我突然很失落——这么做的意义是什么呢？

可能唯一的意义就是这个班级按照原计划开班了，其他的意义一点也没有。一方面，课程价格很便宜，赚不到钱；另一方面，这些人可能只是因为给我面子来的，人家也许并没有这个需要，我只是在强人所难而已。巨大的空虚感袭来：我极度勤奋了，然后呢？

这样的事情非常多，以至于我发了一条朋友圈：我可以非常有底气地说创业的200多天来，我没有荒废一寸光阴，每一天都在竭尽全力。这条朋友圈，没有任何的炫耀，更多的是无奈，你竭尽全力又怎么样呢？距离你的想象，还差十万八千里呢？

这也是我第一次集中式地感受到，其实很多时候，只有勤奋还是不够的。

后来，当我决定把线上的业务延展到线下的时候，团队里面有3个人，而且都是我非常信任、非常愿意成全我的人，我心想：肯定没问题，给我们一些时间，我们慢慢来就可以了。于是，我们抱着虽然很小但也还算期待的心态，从北京到深圳想试验3个月，结果在第14天的时候，我不得不把线下业务暂停了。

因为当我们实际去操盘线下业务的时候，发现线下和线上完全是两码事。按照我们之前的思路，从线上引流到线下，虽然可行，但是非常慢。怎么能加快呢？就得扩大团队，去招募更多的市场人员，去谈线下的合作和渠道。当我意识到这里的时候，我就发现：这不是我一个人的勤奋，以及现有团队的勤奋就可以实现的，这是一个很大的局，我需要扩大团队招募，做一个非常懂市场的团队，这和我的长项背道而驰，也并不是我未来要走的方向。

于是，我迅速做了个决定：暂停。目前阶段，哪怕我们每天不睡觉地工作，依然做不好，除了勤奋，我们还需要智慧和资源。

决定暂停的那一天，我发了一个微博，我说“只有勤奋还是不够的”。有个小伙伴在下面留言说：“不要忽视我们的努力，如果一个人不努力，他怎么可能会有未来。”对，没错，不努力不会有未来；但是盲目努力，也未必有未来。

人有时候是很狂妄的，认为凭借自己的全部能量就可以掌握生活，其实不是，全身心地付出只是一个基础量，你要有能力在这个基础量上加很多的“增量”。努力对付生活当中的小考验也许还是可以的，但如果你想做点大事，远远不够。

创业之初，我鼓励每个人都参与创业，当时的我认为创业就意味着更多机会。但现在，我不再鼓励别人创业了，甚至有些人给我说她做好了创业的准备，我也多是劝退。不是我害怕了，而是我非常清楚地知道：很多人的勤奋程度可能还不如我，如果连基础量都达不到，不要轻易尝试，否则会失败得很惨。

最新一季的《令人心动的offer》中，有一个叫詹秋怡的姑娘被问到“你最大的特长是什么”的时候，和我当初对投资人的回复一样：“也许我现在还不足够优秀，但我有韧劲儿。”也许按照综艺节目的套路，会给她一个逆袭的剧情，但剧情就是剧情，节目就是节目，回到真枪实弹的现实生活中，我想说：这个回答，稍显苍白。因为坚韧更像是一种意志力，很强的意志力对普通人来说是优势，但对于成功的人来说，只有坚韧是不够的。

## 43. 所谓“资源”傍身

创业和上班，简直就是两个完全不同的世界。

我非常讨厌在职场对本职工作推三阻四的人，明明是她的工作，找各种理由搪塞，而且理由是你一眼就能看穿的虚假，如果只是一个普通的员工，即便再差，公司还有其他人可以稍微弥补一下由这名员工带来的损失，但如果是合作伙伴，就很难说了。

创业的时候，我最讨厌的就是张口闭口“我有很多资源”的人，一般说自己有资源的人，基本上就没资源，这种人可怕在哪里呢？可怕在如果成为你的合作伙伴，她会把你坑得很惨。

我闺密所在的公司的老板，从省部级的职位上辞职，投入商海。一边在老家凭借手中资源做房地产开发，赚得盆满钵满；一边在上海进军互联网美容行业，试图用在房地产赚到的钱完成互联网美容行业的冷启动。想法是好的，资本也有，可是在公司开业不到6个月的时候却宣布倒闭，原因竟是他找了一个比他小近10岁的“有行业资源”的合伙人。

这个“有行业资源”的合伙人，“厉害”到什么程度呢？厉害到他告诉这个老板，他要去全国著名的互联网公司谈一个几百万的合作，但是有一个前提是自己得入职这家互联网公司，才可以把这个项目顺利地拿下。你猜怎么着？老板愣是一边允许他入职这家公司，一边还给他发着他的工资和分成。结果可想而知，哪里是他想要去互联网公司谈合作，而是他觉得现在的公司快倒闭了，他给自己提前找好了下家而已。

知道真相后，闺密的老板后悔得肠子都青了，但是真的错在这个无良的合伙人吗？是不是有一部分原因也在他自身呢？不是所有被骗的人都值得同情，如果你是一个创业者，还相信所谓的有人可以给你带来资源，这本身就不符合创业的基本逻辑。

资源太虚太空了，落实到具体的项目合作上，步步惊心。同时，一个人如果真的有资源，这个人也许不会和你合作。为什么？因为一个人有资源了，也就意味着他自己也能创业，为什么要和你合作呢？

在创业的过程中，我也遇到了非常多带着资源来谈项目的，有的是社群资源，有的是场地资源……不好意思，所有打着“有资源”旗号来的人，在我心里连合作的基础都没有，而且后来事实证明，没有一个有资源的项目可以落地。

据我观察，所有资源傍身的人，都让我觉得非常可笑和心酸。

可笑的是遍数多了，连他们自己都以为自己真的有资源了。

心酸的是这种人因早期靠嘴舌起家，在职场上没有一个硬本领，等到年龄再大一点，没有任何选择的余地，只好以资源为噱头忽悠，虽然内心也知道很空虚，但是又不得不这么做。

也不是说以资源在市面上游走的人没有优点，这种人有一个优点是一般人学不来的，就是心理承受力超强。

以前工作的时候，最怕老板满怀期待地交代给我一个有资源的合作，这让我很焦虑，很纠结。这种整天以有资源自居的人，历经一次次的失败，历经一次次的折磨，依然坚守在这个领域，真的是让人“佩服”的。

做个简简单单的人吧，工作中以工作成果说话，别编故事，又不是当编剧。

## 44. 你走的每一步，都应该通往美好未来

前几天，一位我非常敬重的教授给我发了一条信息："蓑依，你今年打算考博吗？"

收到这条信息的我，有种受宠若惊的感觉，但随之而来的是满脑的疑惑：我凭借什么来考博呢？

我去翻看几年前的邮件往来，当年我硕士毕业的时候想报考她的博士，但是她当时在国外，不招生，很遗憾就这样错过了。我看我给她发的邮件中有这样一句话："没事的，等您回来，也许我已经发表了不少优秀的论文，更有资格做您的学生了呢？"

结果呢，5年过去了，我一篇论文都没有发，甚至没有看过一篇论文。当她向我抛出这个橄榄枝的时候，我想接住，顺带着读个博士又有什么不好呢？但是，我接不住。

过去的5年里，我可以斩钉截铁地说：我过的每一天都是问心无愧、全力以赴的，在每一个当下都尽了自己最大的努力，虽然有些决定很失败，有些方法很不得当，但都是我在每一个当下最好的状态。可是这种状态真的是最好的状态吗？不是。

我走的每一步，都踏踏实实地踩在了地上，都有脚印，但是抱歉，这些脚印没有踩成一条通往远方的路，它们面积很大，它们看上去很饱满，但是它们无法延展。

收到老师的邮件之后，我沉思很久，不禁问自己：我现在竭尽全力走的每一步，能连成一条通往美好未来的路吗？

和一个在读长江商学院的女孩子吃饭，我很好奇，她做着一份看似极其普通的工作，为什么可以一下子拿出几十万来读商学院？等我和她聊完，我才发现原来这个女生是如此的聪明。

她本身是做互联网金融的，当最初接触互联网金融平台工作的时候，她就知道这个工作不能给予她很好的生活。于是，在每个谈失败了的公司项目中，她都会给自己留一点余地，问对方一嘴："咱们如果不能在平台层面达成合作，我一个朋友还在做其他业务，是否可以进行合作呢？"

而她口中的"朋友"，就是和她一起组建的小团队合伙人。就是这样，一边为平台工作，一边把无法和平台达成的项目对接给自己的小团队，几乎不放过任何一个有可能达成合作的机会，等到时机成熟的时候，她就辞职，和小团队开始创业，很快就拿到了投资。

我认识她的时候，她还是某互联网平台一个小小的市场专员，时隔一年多，她已经拿到了投资。你说这中间的改变是一年造就的吗？肯定不是，过去的几年，她一直在给自己铺路，拿着1万多元的月薪，但是筹备着月入百万元的未来。

我们都在各自的领域非常努力，但是区别在于有没有为自己的未来埋一个伏笔，区别在于这个伏笔埋得有多深，有多长，有多惊喜。

真实的成长逻辑一环接着一环，有些人没开好头，输在了起跑线上；有些人每一环都做得很好，但是每一环都没有连接在一起，输在了过程中；只有那些每一环都竭尽全力，且花了很多的精力来把这些环连接在一起的人，才越走越远。

如果我真的花时间去连接这些“环”，那我要做的就不是明年出3本畅销书，而是拿出创作2本书的时间，去出版一本关于文学创作的书，一举两得。人生就是这么奇妙，那条两全的路，明明就在那里，你往往看不到。

你走的每一步，都应该通往美好未来，这样的人生才永远有希望。

## 45.“无悔”应该是这世上最动听的词

一个在北京师范大学读硕士的女生专门坐火车来深圳，和我聊她的职业规划。看到她的那一瞬间，我仿佛穿越到了自己读研一的时候，她言谈举止间充满了对这个世界的好奇、对自己的未来无限的雄心，一股年轻的力量感扑面而来。

她和我一样，都是在农村长大，完全靠自己的努力考上大学，考上研究生，因为学业忙碌，还没有见过更大的世界，所以一切可能性都会让这个年龄的人蠢蠢欲动。她斩钉截铁地告诉我说：“我是绝对不会考公务员的，虽然我身边有很多同学都在考，但不是我想要的。”这句话有些震撼到我，因为我在她这个年龄的时候，都没像她如此坚定。很明显，她比我更有力量。

和她聊天的时候，我其实是在和23岁的自己聊天。一直萦绕在我脑海中的一句话是：我为什么能给她讲出这番话？我想了很久，应该是因为我没有后悔过我做的所有的选择吧。

我几乎是一个没有完美情结的人，想做什么就去做什么，哪怕是个坑，我也会跳下去，因为深深地知道自己没有什么可失去的。很多人认为“所有的经历都是财富”是碗伪鸡汤，但我觉得非常真实。人活这一辈子，怎么精彩怎么来就好。

当初考北大失败，我没后悔花两年时间做了一件没有结果的事儿；辞去光鲜的电视工作，也是走得斩钉截铁，偶尔调侃那些还在坚持电视梦想的小伙伴：“年纪大了，别扛了；创业也是一样。”过去的一年，踩过的坑10个指头都数不过来，但内心是快乐的，因为我把我能想到的所有创业主题模式，比如课程、社群、团队，尝试了一遍，所有的经验我都接收到了。哪怕很多个夜晚想事情想到无法入睡，哪怕被气到在出租车上喘不过气来，但是，我不后悔。

不后悔，是这个世界上最动听的词吧。我问我一个朋友，你花了两年多的时间沉浸在上段感情里面，工作没有做好，男朋友也失去了，你后悔吗？她依然坚定地告诉我说：“不后悔，因为我知道我想要什么样的感情了。”这个答案，如果在几年前听到，我会觉得特别轻薄，但是现在，我觉得它很重，沉甸甸的。

多年前，我曾经参加过一个创投营的面试，面试官问我：“你为什么选择来参加创投营？”我说因为我在朋友圈里看到朋友转发了，我的直觉是我要去，不去会后悔，所以我就来了。虽然后面我又说了几个理由，但是面试官好像没有听到一样，回应我：“我特别喜欢你的直觉，我也是靠直觉来做事的，欢迎你来。”

没有遗憾的人生，特别敞亮，敞亮到你觉得所有的事情你都能接受，敞亮让你变得包容。

回到文章开头那个研一的小女孩身上。在聊天的最后，她告诉我，当她告诉她的室友们要来见我的时候，室友特别不理解，为什么要花钱去咨询职业规划，去找老师聊聊不就行了吗？她还是遵从了自己的内心，而我回馈给她最诚挚的建议，她说：“幸亏我来见你了，不然我会后悔。”

祝福你，姑娘，以后的人生中都不会有后悔。

## 46. 喜欢，不一定要拥有

前不久看到一段关于杨天真的采访视频，她说她在选择员工的时候，坚决不要他们公司旗下艺人的粉丝，并且会专门做“粉丝排查”，只要发现有一点追星的心思，无论能力多强，坚决不要。

直到听完闺密的故事，我才理解了杨天真的招聘原则。

和我一样，闺密也从电视台离职了，她非常想进一家母婴品牌公司，这家公司的老板特别有名，在各大自媒体上都可以看到她的影子，做事麻利，价值观前卫，拿投资拿到手软，是很多女生在30岁之后想要成为的模样。闺密通过各种努力，最终成为这个女老板的秘书，事无巨细地安排和统筹她的全部工作，起初她觉得自己完全可以胜任这份工作，毕竟在电视台做节目的时候，她也是统筹全局的女人。在闺密入职的那一天，她真的有一种登上人生巅峰的感觉，在三里屯请我们这帮好朋友喝了最贵的酒，我们毫不否认她胜任这份工作的能力。

两个月之后的深夜，闺密突然给我发信息说，她想辞职了。我调侃她说，你被潜规则了还是咋了？她说没有，只是自己觉得老板没有当初看到的那么好。我劝她，你管这个干吗？干活拿钱就行了呀！闺密坚定地说："不行，我觉得落差太大，我接受不了。我一直以为她是家庭很幸福的女人，现在我每天都可以看到她和她老公为了孩子的事情吵架，一个母婴博主，怎么可以这样啊？"

我继续劝解道："你要换个角度想一下呀！母婴博主是份工作，她的公司是个商业体，离开公司她是妻子、是妈妈，怎么能要求她不和家人吵架呢？"

闺密依然接受不了。两周后，她向自己的老板提出了离职。

作为最好的朋友，我非常建议她留下，因为她马上也要做妈妈了，母婴公司非常适合这个阶段的她，不说福利，单论职业晋升也很快。但是她不想要这一切，人在做很多决定的时候，可能都是感性大于理性。

所以，当我听到杨天真说的那句话的时候，我心里咯噔一下，她一定是咽下过这种苦的人，才说得那么坚决。如果你喜欢一个人，不一定非要去靠近她，远远欣赏也是很好的，像欣赏一幅画，也许一旦你拥有了，会觉得它没有那么好看了。一方面，人本身是复杂的，没有人是完美的，你不可能喜欢一个人的所有；另一方面，欣赏这件事情太感性，感性的东西容易左右摇摆，让人捉摸不透，不容易解释和控制。

前些年有机会与我的偶像一起工作，但我尽最大努力保持了距离，心想：偶像要一直是偶像。

对人如此，对事物也应如此。前段时间，我特别想买一条宝格丽的项链，在小红书上看了一遍又一遍。其实，我不是喜欢戴饰品的人，但是那段时间，就是非常喜欢那条项链，朝思暮想之后，我终于下手买了。结果，买回来一个多月了，我还没有戴过一次，甚至只打开过一次盒子。

如果你是一个恋爱经验丰富的人，我相信你一定懂我在说什么。你选择谈恋爱的对象一定是你非常喜欢的人，和你走入婚姻殿堂的人，你可能也很喜欢，但绝对没有到疯狂的地步。因为疯狂和狂热都是极其短暂的，只有某种距离的温热感才会持久。

我认为“浅尝辄止”是一个非常好的词，喜欢一个人，和她有一定的距离，有时候不是为了怕自己失望，而是担心自己断了本来可以绵延很久的念想。毕竟，人还是要有点念想的。

## 47. 成大事者，不言委屈

2020年是我创业的第一年。

这一年，有过因为一周连续上6天的直播课而出现大脑缺氧的情况；有过“写作陪伴营”作品合集出版的激动；也有过因为要尝试合作关系，而从北京搬到深圳3个月的迷茫；更有过被“道德绑架”6个月的作茧自缚的时光……但是如果你问我这一年，我最大的感受是什么，我的回答与以上内容都没有关系，我会坚定地说：它让我彻底明白——成大事者，没有委屈，没有解释。

有一天，我和一个非常成功的工程行业的女企业家聊天，她说她也要像我一样，转型做一点知识付费的课程，因为擅长演讲，想从这个角度切入。我只问了她一句话：“你接受从TO B到 TO C的转变吗？”她下意识地摆手说：“算了算了，C端用户太难伺候了。”

其实，不是C端用户难伺候，而是C端用户在本质上都是独立的个体。每个个体因为成长背景、学习经验、面对的场景等都是不同的，所以很难在需求上统一。比如，我自己建立的“写作陪伴营”，里面有各种名校学霸，各种公司CEO，也有在读书的大学生，及在家带娃的宝妈，他们对写作的诉求虽然有一致的地方，但一致的地方是千差万别。

我经常收到各种各样的反馈，有些让我非常感动，有些让我觉得很无语，而有些让我哭笑不得，但这些你必须照单全收。有些地方，你特别想解释，但是你不能，不是不去沟通，而是即便沟通也无法落地，因为每个人站的角度是不一样的，有些人只是站在自己的角度去思考。

我相信这是所有面向C端用户的人都必须要面对的问题。之前我在《我是演说家》节目组工作的时候。我找的第一位选手，是一个淘宝卖家，现在想来有一种遥相呼应感。为什么找一个淘宝卖家呢？因为从选题的角度上，我觉得淘宝卖家会遇到很多奇葩的顾客，有很多好玩的故事。果然不出所料，他爆出的每一个料，都让导演们义愤填膺，气得要掀桌了。

他印象中收到的第一个差评是因为下雨引起的。他当时在卖一款袜子，有一个买家给他留言说：我们这里下雨，你包装时要注意防潮，否则我会将你投诉到底。货品是10双袜子，利润总共1毛钱，你没看错，就是1毛钱。于是，他就用塑料袋包裹了4层，还粘了好几圈的胶带，诚惶诚恐地寄了出去。没想到3天后，买家来投诉了：“我收到你们的袜子时，都被大雨淋湿了，我要给你差评。”还没等卖家说补救的方法，马上就收到了买家的差评，这也是他人生中的第一个差评。

我永远都记得这个卖家给我们讲这个故事时的无奈，你做好了你能做的所有准备，但是依然会感受到无法控制结果的无力感。这种无力感贯串着他做淘宝卖家的每一天。当时的我，还偶尔嘲笑他说：“你是不是人品不好，‘奇葩’都到你这里来了？”此刻，我要道歉，我说这句话的时候，太不知天高地厚了。

其实，看起来委屈的事情，都和对错无关。并不是说卖家错了，或者买家过分了，而是每个人都有自己的立场和所面对的具体情景。当我站在客户角度上时，也有特别挑剔的时候。前不久去一家餐厅吃饭，因为饮水壶距离我有点远，我就伸着胳膊去拿，当把上端抓住准备拿起来的时候，咔嚓一声，整个壶碎掉了，水洒了朋友一身不说，还险些烫到人，而餐厅的态度是：要我赔偿壶的钱。当时我还没有反应过来发生了什么，餐厅就让我们赔偿。虽然我交了钱，但那家连锁餐厅永远被我拉入了黑名单。这件事，谁有错么？我觉得都没错。

成大事者，不言委屈，不是什么新鲜的道理，也许你在很多年前就想明白了，就像我自以为的一样。我认为我活得挺通透的，只要做到自己能做的，其他的事情就不要管了。直到过去的一年，我才真正体会到：遇事做到闭嘴，不解释；遇事做到放过自己，不委屈，有多么难。

在成年人的关系里也许没有对错，只是因为“关系”这个介质，让人们站在了事情的两端，每个人都有了自己的视角。

活得再敞亮一些吧！

## 48.分享的善意

中午冬冬突然给我发了一条信息，大概的意思是，感谢我创办了闺密写作陪伴营，她坚持了100多天，终于养成了好的写作手感，现在能够做到每天坚持创作了。

当看到她这条信息的时候，我第一个想到的不是回应她这件事，而是我发现她最近状态不是很好，一直想找机会和她聊聊的，但事情太多就耽搁了，趁着刚好是周六，就和她聊了起来。

我告诉她：亲爱的，不要太敏感，创业的人必须雌雄同体，你要再“雄”一些。

我告诉她：亲爱的，当我们比别人多坚持一点的时候，就已经淘汰了一批人。

我告诉她：亲爱的，慢慢来真的会比较快，要沉住气。

我告诉她：亲爱的，忍才有力量，当你保持克制的时候，会比任何时候都有魅力。

我告诉她：亲爱的，因为我们做的是要带给女性力量的事情，所以注定我们要承受更多。

……

当我说完这一切的时候，我的心里也舒畅了很多，冬冬依然不停地说着感谢我的话。其实，我也应该感谢她，因为有了冬冬，我才有机会把这些印在内心的话说出来。

这就是成全。

你以为你在说给别人听，其实，你是在说给自己听。

你以为你是在鼓励别人，其实，你是在鼓励自己。

你以为你是在帮助别人，其实，你是在帮助自己。

利他，就是最大的利己，这就是分享的善意。

今天是我创业的第191天。

不得不承认，当初创业的时候，就是凭借着一腔孤勇开始的。没有想过商业模式，也没有想过掌握哪些资源，更没有想过到底能不能成功。我唯一想过的只有两件事：

一是，我能不能保持高密度的学习和自我进化，以肉眼可见的速度成长；

二是，我能不能做到不放弃，一直给别人带来力量的价值。

当时我的回答是：我可以。于是，我就创业了。

第一件事，是我可以控制的，我能通过不断读书、不断与高人交流，不断试错来实现。但是第二件事，说实话，心里没底，我能做到不放弃，因为我的忍耐力和毅力都是惊人的，但力量从哪里来？只有毅力，没有力量，就像一头负重前行的老牛，的确是一直往前走，但也是心酸得很……

但是当我真正开始行动的时候，我发现，我多虑了。

我几乎每天都能收到学员给我的正向反馈，这些反馈非常微小，可能只是说“我朋友看了我的文章之后觉得很好”；可能只是“我没想过我能坚持100天”；也可能是“我又迈过了一个坚持不下去的坎儿”……反馈非常小，小到在我人生顺遂的时候，根本不会注意到这些，但是在此刻在我人生爬坡的阶段，却显得异常有力量，琐碎却闪着光。

辞职之后，我很少和之前的同事有联系，但却不断收到他们发给我的消息：“亲爱的，看你做得不错，真的为你开心”，或者“可喜欢拥有你这个朋友了”，甚至我的前领导也给我发个信息：“遇到任何解决不了的事儿，记得来找我！”我回复他：“我不好意思找你啊？我都没有陪你创业到最后，觉得很对不起你。”他大笑：“那你好好给我道歉，未来日子长着呢，还不知道谁要帮谁呢？”

他不知道这句话给我多大力量，我怎么可能有能力帮他呢？但他就是义无反顾地相信我。

谢谢所有分享给我力量的姑娘们，每一份力量都特别重要，我靠着它，走了很远的路。

也谢谢所有给过我能量的人，今后的每一天，我不会轻视任何一个正向反馈，因为它里面有浩瀚星海，有灿烂宇宙。

也恳请所有阅读这篇文章的姑娘们，去做一个爱分享的人，分享自己的善意，你会收获到更多的善意。

下午去吃路边的麻辣烫，巧了，异常好吃，也许是因为没抱什么期待，就更是美味。临走的时候，店里还坐着很多顾客，我大声对店长说：“你家的麻辣烫，真好吃，是我吃过最好吃的麻辣烫！”

那个大姐笑得像少女一样羞涩，说：“你下次再来嘛！”

那好，下次一定见。

像无数个我和闺密的约定一样，我会准时赴约，在你的生命里，掀起波澜。

## 49.爱情中的自我成长

2021年五一假期，我完成了一件非常重要的事情——订婚。

如果按照我的想法，订婚这个流程可以不用的，但考虑到一家在北京，一家在山东县城，如果不在这个节点安排双方父母见一面，可能他们一辈子都很难见面。于是两位50多岁的老人，坐着绿皮火车去了我老家，完成了一个小小的仪式。

那3天，可能是我见过父母最开心的3天。上一次，他们如此开心是我考上大学的时候，宴请亲戚朋友吃饭，他们觉得我会有一个不错的未来。而这一次，他们仿佛终于能松一口气了，这么多年对我一个人漂泊在外的挂念，也终于能按下暂停键。

我爸说："这么多年没有睡好觉了，这3天是睡得最好的3天。"

我爸说："你未来的公公和我能聊到一起，我们好像多年未见的知己。"

我爸说："本来见了孩子就很认可了，这次见了两位老人，就更没有问题了。"

我说了几十遍让我爸妈来北京玩，从来不起作用，而这次公公几句邀请，我爸妈就心动了，也许只是因为——心，落定了。

我们回北京时，双方父母握着手依依惜别。虽然亲朋好友的热情声很高涨，但我依然听到我爸妈对公公说：“以后，菲菲就交给你们了！”那一刻，我上了车，泪水止不住地流，仿佛像个刚读幼儿园的孩子，听到爸妈对老师说“孩子以后就交给你了”一样，我觉得父母不要我了。

一切都顺利得像被安排好的一样。没有为了彩礼吵闹，也没有房子车子的争夺，双方父母都无比支持我们的选择，他们常说的一句话就是：“我们都没有那么多规矩，你们年轻人做自己喜欢的就好。”

其实，我一直有种担心，就是我在婚姻这件事情上可能不会很幸福，一方面是因为我觉得一个人的运气是定量的，我在事业上已经足够幸运了，怎么婚姻上会有同样的幸运呢？另一方面是我性格很难和人相处，很容易生气，因为太过独立，不愿依赖任何人，导致亲密关系的质量会差很多。

我的担心是存在的。在我谈恋爱的早期，不断地争吵，试图分手，觉得自己被限制，无法得到理解，所有难堪的、不能理解的事情都发生了，只是我可能低估了我的适应能力。

当我意识到这个男生很好，没有问题，只是我一直在“作”，是我性格不好时，便开始了自我学习和调整。以前我觉得让我调整，简直是开玩笑，我没有问题的，如果你觉得我有问题，你先调整你自己，再来适应我。但在婚姻中，我逐渐克制自己的脾气，我学会了示弱，把自己软弱的地方展示给对方看，也学着站在对方的角度去想问题，如果不小心伤害了他，也会难过很久。

事实证明，爱情中的自我调整是有用的，我甚至还拜了一位老师，她是我的闺密，比我早一些进入婚姻，遇到问题，我不再凭着感觉去做，而是问她应该怎么办，在她给我建议后，我才会做出选择，而不是头脑发热。

人们常说“爱情是一所学校”，直到今天，我可能才真正理解这句话的意义。

在这所学校里，有两种修学分的方式：一种是不断地交男朋友，不喜欢的也不放弃，就像你选了很多门课程，选得多了，自然知道什么课程适合自己；一种是就学一门课，把这门课学透、学精，在这一门课中名列前茅。我选择后者，我觉得恋爱当中从来都不是换人就能解决问题的，尤其对我这样很多时候不接地气、很作的文艺青年来说，如果我不改变，所有的结果都是一样的。

写下这篇文章的此刻，我非常幸福。我相信爱情、珍惜家庭。我要在自己的婚姻里赢取属于我的幸福。

## 50. 相互付出，才能让关系更紧密

过去的一年里，我身边有不下20个人离婚了，以至于当我再听到有人说离婚的时候，连为什么都不问，只是简单地“哦”一声。

我有个作家朋友，30岁出头靠自媒体轻轻松松年入200多万元，有一个可爱的、懂事的小男孩和一个爱她的丈夫。但就在去年，她向丈夫提出了离婚。离婚的理由并不是老公出轨之类的大事，只是她觉得这个男人没有为这个家有任何付出。

男人也许觉得很委屈：我天天朝九晚五地上班、加班，辛苦赚钱，不也是为了家吗？怎么可以说我没有为这个家付出呢？女人的角度是：咱们都上班，都赚钱，这没错，但是你回到家里之后，不沟通、不交流，也不陪孩子，只想平静地休息，日子怎么可以过下去呢？付出难道只是赚钱养家吗？

的确，在家庭中真正的付出，其实并不是你要赚多少钱，当然赚钱也是一种付出，但彼此要能从家庭中感受到爱。

前几天晚上又翻出《小偷家族》来看，看得再次内心翻江倒

海。我经常会想：如果我生活在这样的一个家庭里，我会怎么做？我唯一能想象到的就是：我会很封闭自己。因为对什么都不满意，又没有能力改变一切，就只能封闭自己。我的日子过得不如其中的任何一个主人公快乐。

我一直在想：为什么会不快乐呢？思来想去，我找到的答案是：我不是一个很爱付出的人。

这也是被丁老师诟病的一点，在亲密关系中也是一样，如果他会做饭，我就坚决不做饭；如果他愿意把某个问题解决掉，哪怕它对我很容易，我也不做。我经常说：我很爱很爱你啊，他都会质问我：你是通过什么表达爱我的？无论在什么样的关系中，我都是被动型的，主要的表现就是我不会先付出。

《小偷家族》中为什么在那么艰难的环境中每个人脸上都挂满笑容，还能一天天平静地生活下去，原因就在于每个人都在付出。奶奶在付出最实际的养老金；爸爸对儿子偷盗技能的培养（虽然法律不允许，但这是他唯一会的技能）；妈妈呢，对救过来的小姑娘像对待自己的亲生女儿一样好，甚至牺牲了自己的工作；哥哥，最后那一次故意让别人发现他在偷东西，不就是为了给妹妹一个做回正常人的机会吗？就连最小的妹妹，也是把仅有的爱给了哥哥，每次看到她都跟在哥哥后面奔跑，我都好羡慕，她哪里是在跑，而是把全部的爱放在了另外一个人身上，她在奔向她自己。

本来我想写“只有爱，才能抵御生活的千疮百孔”，后来，我觉得不对，付出和爱是两回事。看完《小偷家族》后，我给我的那位朋友发了信息，问她："你觉得你们之间还有爱吗？"她说："其实是有的，我相信他对我也是有爱的，但是那种日子就是过不下去了，无论我怎么劝导他，爱在婚姻中有时候就是显得很无力。"

我在没有进入婚姻之前，但也经历了几年的同居生活，我特别懂得和一个没有付出感的人相处，日子久了，会多么的无力。很多人说爱的本质就是付出，其实不然，爱有很多很多的因素，付出只是其中一种。

为什么那么多异地恋的人会分手？你能说他们不爱吗？分手的时候，哭得天塌地陷的，肯定是有爱的，只是两个人很可能都不想多付出，付出的不平衡，时间久了，就分道扬镳了。

有时候甚至不需要爱，只需要付出，就可以让生活变得没那么难。就像我们老家的一个传统，如果有一家人出了事儿，村里的其他人都会给他们家送点粮食、送点菜，或者送点钱。你能说他们之间有爱吗？未必，但付出在这个时候就是搭把手，就是我给你一点东西，帮助你渡过难关。

人与人之间只有爱，生活没那么好过；但有了相互付出，关系就能更紧密。

# 第六章

# 成长本来就是孤独的

## 51. 不要总是“对事不对人”

罗振宇曾在跨年演讲上讲过这么一个故事，他说北京一所中学的校长，做了一个很特别的决定——把图书馆搬进了教室。我想大家的第一感觉就是，校长一定是为了方便学生阅读吧？其实不是，他真正要改变的是图书管理员的职业态度。

经常进校园图书馆的人，可能会有一种感受，就是图书管理员仿佛总是爱和借书的人对抗的。我读大学的时候，去图书馆借书体会到了各种不方便，以至于后来为了让自己借书、读书更方便，我还应聘了图书馆的值日生，每天趁着整理报纸、杂志等时间多读一些东西。那个时候，感到不舒服，但说不出为什么不舒服。听了罗振宇的演讲，我才知道这种不舒服来自很多图书馆管理员只对图书管理负责，而不对借书人负责。

这个校长问图书管理员：“如果一个学生非常痴迷读书，错过了还书的时间，你会怎么做呢？”图书管理员非常“负责”地说：“那我肯定按照规则办事，该惩罚就惩罚啊。”校长又问：“那我们图书馆到底要不要鼓励这种痴迷读书的孩子呢？”图书管理员顿时无语。这就是我读大学时对借书不变的质疑：为什么我想好好读书却怎么那么难呢？为什么我要适应那么多的规则？为什么图书管理员看上去特别像教导主任？

后来，这个校长又问了图书管理员一个问题，这个问题可能会改变我整个思维模式。校长问："作为图书管理员，你到底应该对事儿负责，还是应该对人负责？如果你对事儿负责，那就每天看管好各种书目，最好学生都不看书，你省时省力，显得做事认真；如果你对人负责，那就要知道学生的需求，不断进行调整和改善。"

显然，应该对人负责，哪怕它复杂100倍。罗振宇进而做了一个延展，他说："对人负责和对事儿负责，其实背后是不可替代性的问题，甚至这种不可替代性可以升级到人工智能的层次。比如，一个图书馆管理员每天整理书籍、对书籍进行编码、整理借书还书的情况，只对事儿负责，不出几年，他很可能就被人工智能取代，小机器人就可以实现，省时省力；而机器人无法实现的恰恰是对人负责这件事，人的需求和变量五花八门，没那么快学会。"

何止是图书管理员，任何一种职业都是如此。如果你只会做幻灯片，无论你做得有多好，一定有更好的人或者机器取代你；如果你只会做一些数据化的处理工作，现在就有大把的机器人取代你；只有你对人负责，能对人的各种需求，进行各种反馈，慢慢地就会建立自己的不可替代性。

不得不说，对人负责，是最难的。我们经常讲"对事不对人"，但哪件事儿不是人做的，只对事负责的态度只不过是做起来省时省力而已，对人负责时，处理问题的各种复杂性就出来了，所以不要以为对事不对人多高尚，我觉得它是一种投机取巧的方法而已。

这个认知角度，深深地打动了我。过去的2020年，我一直在做知识付费方面的创业，针对的是C端一个个用户，很多次被气到崩溃：怎么会有这种人？所以经常会怀疑自己做这件事情的意义和价值，这种日子什么时候才能到头呢？也就是说我一直处在“对人负责”这件事中：每个人每天有那么多需求？你哪怕做得再好了，总还有人挑刺？但罗振宇的这句话，让我觉得现在我所做的让我很挣扎的事情，其实是一份礼物。因为每天有大量的问题产生，我就在每个问题的解决中对社群有了更深的认识；因为每个人有不同的需求，我在产品的设计上也会有更新的想法；因为有些人的不满意，我就会知道商业的整体逻辑是怎样的。

当我们抛开对事不对人的想法，主动去面对一个个复杂的人，面对的人越多，解决的问题越复杂，我们的不可替代性也就越强。

## 52. 你可以把壳敲出一个缝隙

一个人的意志力坚定不坚定，试试创业就知道了。我认为创业前期，并不需要有多大能力，只需要你在面对汹涌而来的问题时，淡定且坚强地一一解决，偶尔不能解决的问题，交给时间，也算得上是一种大智慧。

如果现在有朋友来问我他是否应该创业，我多半会给出否定的答案：不要，实在是太累了。对于我们这种白手起家的人而言，在资源、人脉、流量都欠缺的情况下，你必须要做好长期忍耐的准备，没个两三年，一般看不到大起色。小高峰会出现，但不一定是你理想当中的样子。

在创业这条路上，一旦开始，少有人回头，因为创业者在创业的过程中养成了“只往前看”的思维习惯，匆匆忙忙、紧紧张张地生活，有退路吗？

我的答案是：有，我会退回到爱情中。

现在我非常确信：上天的一切安排都是完美的。

在两年前认识丁老师的时候，我也不知道为什么我们两个会走在一起。他不是我喜欢的风格，我也不是他喜欢的风格，但我们两个就是没有想过要分开。直到这次创业，我才意识到：他对我有多么重要。

创业之后，他对我的宠溺应该是之前的100倍吧。

每次我忙到焦头烂额、气急败坏的时候，他就撒娇卖萌、胡搅蛮缠，次数多了我才知道，他希望我从手头的事情上转移一下注意力，放松一下。

我有一次忘记吃早饭，饿得难受给他发过一次信息，之后每一天我都有各种各样的早餐，哪怕他要迟到了，也会给我买好早餐。

我全部的精力都在事业上，他几乎每天都问我："你是不是很久没见××了？打算见一下吗？"旁敲侧击让我积极地参与社交，做些能让我开心的事儿。有一天，最好的闺密来我家，我向她抱怨了一通最近的不如意，他就坐在客厅里，我想他听到之后一定会说："你怎么可以这么负能量？"没想到闺密走后，他非常开心地抱住我说："我好开心啊！你把你心中的垃圾都倒干净了，这样又可以开始新的生活啦！"

他是个程序员，技术负责人，每天累到脑子疼，但每天晚上散步的时候，他都告诉我，他帮我做的小程序推进到哪一步了，有哪些很难过去的坎儿，让我不要着急。我说："你不用这么辛苦的，不着急，我们可以包出去让别人做的。"他说："别人做，怎会有我用心呢？"

写到这里的时候，我有点想哭。如果你把上面的内容当作“撒狗粮”，那非常抱歉，我想哭，不是感动，而是在这一刻以及上面故事发生的每一刻，我都深深觉得：我是有退路的。

哪怕我创业不成功，哪怕我以后再也不想工作，哪怕我没有成为自己期待的样子，他都可以完全接纳我、拥抱我。

成年人的安全感是什么？鸡汤文都会告诉你：是来自于你自己。但是对不起，我向生活缴械了，在你很难的时候，你的安全感可以来自别人。就像小时候，我的安全感来自我父母，无论我犯什么错误，他们都会完全接纳我；长大后，他们无法时刻陪在我身边，换了一个人时刻守护在我身边，他就是丁老师，他像小时候父母守护我一样，无私、全力以赴地守护我。

现在这个时代，你可以不相信爱情，我身边也有无数在围城内外活得鸡飞狗跳的男女，我不过想说：亲爱的，很多事情不必一个人扛，你不必成为一个“钢铁女战士”，生活有退路，只要你把身上的那个壳，敲开一个缝隙，再难的生活，也闪着光。

## 53. 没有人必须要宽慰你

和一位写作营的小伙伴聊天，我说："你写的文章很不错，很真实。"她回复我："写得不好，有些想表达的表达不出来。"我说："你可以参考一下别人的文章，学习一下逻辑和结构。"她道："说到底，还是肚子里没货。"我说："那就多读书呀！"她也很无奈地说："家里的桌子上、床上都是书，但就是坚持不了……"对话到这里的时候，我的"毒舌"开始发作了，我说："如果是这样，就只能恶性循环下去，然后承认自己只能是个普通人。"然后就没有下文了，她的内心可能非常受伤，本来想要我的帮助，却被撑了。

其实，这是我2020年学到的很重要的一点：既然有些人怎么都叫不醒，那就不要叫了。我说这句话，并不是讽刺，而是冷静客观地来讲。因为经营女性社群的原因，经常遇到小伙伴来问我："蓑依姐，我做事情总爱半途而废，怎么办？""蓑依姐，我看书总是看不进去怎么办？""蓑依姐，我每次交写作作业总是凑字数怎么办？"……

说实话，没有“怎么办”。如果你真的想改变现状的话，随便去知乎上或者微博上看看别人的经验，然后落地执行，都会有效果。当你问出这样的问题时，其实就是希望有人给你一个马上拿去就能用的方法，对不起，没有；即便有，你也做不到。

如果你也是这样的状态，我给你的建议是：放过自己。这不是什么戏谑的回答，我会真诚地劝你，不要拧巴。如果你真的做不到某件事，就放弃吧。就拿我自己来说，我做不到早起，30年都早起不了，那我从来不会参与早起打卡的活动，人生又不是非得早起才精彩；我也做不到每天坚持健身，我就把速度慢下来，一周有两三次就够了，哪怕不如每天健身的效果好，我也认了；无论怎样都做不到说假话或者说阿谀奉承的话，那我也不以“高情商”来要求自己，不满意就直说，哪怕会得罪人，反正因为我说得直接而不高兴的那些人都不是真朋友……

我在一些事情上特别死磕，但是在另外一些事情上又特别容易放过自己，也许这就是属于我的平衡。凡是我不关心的，愿意怎样就怎样，想懒就懒，想拖延就拖延；凡是我关心的，我就想尽一切办法去实现、去达成。

也许在这里有小伙伴又会问我：“蓑依姐，就像你在开头提到的那个姑娘一样，我也很想读书，很想多读书，但就是做不到坚持怎么办呢？我要是不喜欢就放弃了，可是我特别喜欢，怎么办呢？”

打住。别骗自己了，没有一个人会特别喜欢一件事或一个人，做不到坚持，或者说长久维系。比如你特别喜欢一个男孩子，你会做不到每天跑去见他？你特别喜欢吃某种蛋糕，在财力允许的情况下，你能做到一个月不吃？你特别喜欢一个偶像，你能忘记去听他的歌？真正喜欢一个人，恨不得一天有48个小时和他待在一起，总觉得时间不够用。如果你还得把它当作任务去坚持的话，就不要说喜欢了。

如果你承认你不是发自内心的喜欢，那换个角度问："这件事对我来说，可能不是很喜欢，但是很有用，我却做不到，怎么办呢？"这个问题的逻辑就和"我知道高考对我很有用，但是我却一直做不到尽全力，怎么办呢？"的逻辑一样，能怎么办呢？就去接受一个相对比较差的高考分数，然后去一所不喜欢的大学呗，还能怎样？都是成年人了，就不要欺骗了，世上没那么多的童话，大多数人终其一生都是碌碌无为。

宫崎骏说：你不努力本来就不像话，有时候彻夜难眠，那也是必然的；那时候，你才会明白，没有什么东西能宽慰你、鼓励你，全部都要靠你自己。你不想救自己，别人怎么会救你。

## 54. 你的认知疆域足够宽吗？

这个故事，我在前面讲过，但我还想在这里再说几句。2020年年底的时候，我去上海参加了3天的创投营。面试官问我为什么要来参加这个活动时？我很坦然地回答说：“不知道，冥冥之中我就觉得我应该来。”面试官很兴奋地说：“我也是一个靠直觉来做重要决定的人，欢迎你来。”

可是当组委会把名单发出来的时候，我没有当时的那种冲动了，没有那么特别想去参加这个活动了，但最终还是去了。在参加的20多个小伙伴中，我的学校是最差的，其他人不是复旦的，就是交大的；不是海归，就是自己创业很成功的。我一直不是一个在乎学校背景的人，但是当你的周围都是名校背景的人时，你难免有些顾虑。

事实证明，我的担心是应该的。3天的创投营，几乎每天都在以小组为单位进行投资案例的分析，投资人会给你一个自己手中的项目，让你真实地评估这个项目的可行性以及预估投资的金额。每个人拿到手里的商业计划书至少有二三十页，因为投资人的背景和医疗、新能源相关，所以所有的项目也都是这两个领域的。当我拿到二三十页的文字时，我认识每一个字，却不明白这上万个字在说些什么，脑海中一团糨糊，仿佛回到了高中数学课堂上，每次老师讲试卷最后一道数学题的时候——每一步都听懂了，但就是不知道如何得出的这个结论。

当我还很懵懂时，小伙伴们一个个站起来，有的用笔开始画图，有的开始列框架，甚至有的已经开始做幻灯片，试图用幻灯片理清整个逻辑。我坐在中间的位置，周围的人如同一座座山，我被压抑感包围了。

但毕竟是30岁的人了，开始用“这是小场面”来安慰自己，并且告诉自己：不着急，慢慢分析。只是渐渐地发现，哪怕我真的很认真地查找资料，很认真地涂涂画画，但脑海中依然没有分析框架，总是找不到核心点，虽然也能发现好多个闪光的小点，但就是找不到光亮原因在哪里。我问身边那些也不是金融专业的小伙伴：“你们是如何做到这么游刃有余的？”他们给我致命一击，说：“这不是很简单的分析逻辑么？有什么难的？”我脑子一阵眩晕。

文科生的逻辑和理科生不太一样，我曾经以为我的逻辑足够用了，还把我的逻辑思维方式教给别人；我曾经认为逻辑对我的生活其实不会产生多大的作用，其实，你不擅长的事情，如果稍微不努力，依旧是不擅长，不会因为你的视而不见消失。

在创投营3天的时间里，我把所有的优势都屏蔽掉，紧盯自己的弱项。

我是一个创业者，还是一个在几年前就决定创业的人，创业和投资是紧密结合的，为什么这么多年，我就没有看一点和投资相关的书或者查找相关的资料呢？每个人都要路演自己的项目，有些小伙伴凭借一个概念就可以说得头头是道。一个熟悉我的朋友问我："蓑依，你的冷启动已经完成，已经往前走一大步了，你为什么从来没有想过拿投资呢？"是啊，我为什么没想过呢？哪怕我不愿意去拿，我也应该想过啊，但实际情况是，我连想都没有想过。

我是一个不喜欢开车的人，甚至连在街上骑自行车，都觉得极其困难，所以我一直设想无人驾驶的时代赶紧来临，身边也有几个朋友在相关的公司工作，但直到这次的投资项目中出现一个关于无人驾驶的案例时，我才发现自己一直处于想象的阶段，从来没有去做过相关的了解。我不知道现在无人驾驶已经发展到什么程度了，不知道无人驾驶的可行性有多高，而我的小伙伴们已经开始研究无人驾驶车辆中的摄像头的某种功能是否可以大规模应用了。

也许听到这里，你可能会说："蓑依，不要贬低自己，你不能什么都懂啊？人都有自己熟悉，和自己不熟悉的领域。"不，这是借口，我完全有机会，也有能力去熟悉这些，只是我觉得这些不重要，这些不能马上改变我的生活，这些和我的收入没有直接的关系，所以我就没有去做。结果是：当你有一堆要了解并且需要了解，但没有了解的事情时，你这个人，就薄了，就窄了。

有些人，一直是顺着自己的心意而活；而我，早就接受我的人生，没那么轻松，且和别人无关，只和我对自己的期待有关。有些人舒服是待在自己的舒适区，而我的舒服，是看到一个又一个的可能性。

如果说新的一年，我有什么要祝福自己的，我希望自己认知的疆域可以足够宽。不然，我不知道我失去的会是什么，试想，一个人都不知道自己会失去什么，多么可悲！

创投营结束后，我发了一条朋友圈，我说：我开始敬重学历了。是的，我认为受过良好教育的人，会有很好的学习习惯，这个习惯不仅在学习上让他们受益，在生活中也同样让他们受益，他们会下意识地比别人多做一点。而这一点又一点在时间中的积累，造就了他们两种不同的人生。

## 55. 别骗自己了，你只是选择能力差

有朋友问我：“蓑依，你现在的生活基本都是你想要的，哪怕暂时没有得到的，你也会非常努力地去争取，现在还有什么对你来说是困难的呢？”

我说：“亲爱的，首先，非常努力并不会让我拥有我所想要的一切，越往前走，你可能会发现努力所占的比重越来越小，因为被前路筛选出来的人，没有一个不努力的；其次，现在对我来说，非常困难的事情依然存在，例如选择能力，在每一个节点我的面前都有很多条路可以走，但我不知道如何做选择。”

也许你听到这里会说“蓑依，你太凡尔赛了”，有很多选择多幸福啊，总比没有选择强啊！不，有很多选择其实就是没有选择，因为每个选择都差不多，没有明显优劣。也许你会说：“如果不知道怎么选择，就逐个去试吗？”如果你真的身在其中，你就会知道试错的成本会有多大，机会稍纵即逝，不会给你那么多时间。阅历渐长之后，我很少和人说都去试试，因为我深深知道，不是每个人都能承担试错的成本。

在选择面前，人如果能清楚地建立自己的框架，清楚自己想要

的是什么，分辨出每种选择背后的优劣，就是人生最大的精进。

我给大家分享一个我自己的故事。

在我27岁那一年，有两个男生出现在我面前。

一个男生是非常靠谱的项目经理，在国外工作了几年之后回国发展，他踏实本分，而且很会照顾人。有一次，我们一起走在路上，我稍微有些咳嗽，我回家后收到了他自己熬制的冰糖雪梨和一些治感冒的药，通过“闪送”送到我家的。“你什么都好，好到完美，好到没有意思！”这是我当时拒绝和他谈恋爱的理由。

另外一个男生，就是我很多朋友都知道的那个作家。他总能让你觉得：“天哪！这个世界上怎么还有这么好玩的人？”“哇，他写的小说太棒了，简直是个天才！”……虽然我们吃饭总是吃不到一起去，虽然他总是因为深陷抑郁情绪而不愿和人说话，但我做好各种准备，迎接他进入我的生命。一年左右的时间，快乐和痛苦交织，最终，我们选择了分手，因为我明确地知道：我们不合适长期一起生活，短暂相遇的快乐是可以的，但想长久一点，没有未来。

这就是我27岁那年的选择。很多人在提到恋爱经历时，会说一句话：两个人哪怕最后没有走在一起，一起经历的那些岁月，也是很珍贵的，也是很美好的回忆。我不这样觉得，有些恋爱是会让你后悔的，后悔和这个人谈恋爱，后悔陷入一段那样的关系中。所以，如果此刻再让我做一次选择，我会和第一个男生在一起，哪怕我们没有走到最后，但是我会变成一个更温柔、更愿意施予温暖的人。

后来，我带着对第一个男生的感觉找到了丁老师，踏实、温暖，愿意把所有的爱都给我。也许听到这里，你可能会问：要是没有之前的经历，你肯定不会珍惜丁老师！谁还没在年轻的时候遇到过渣男，渣男都是来给我们上课的！我不这样认为，我遇到渣男，没有其他原因，就是因为我选择的能力很差，其他的都是借口。

我经常听到女孩子说：我现在的男朋友我也不是很喜欢，但是我也放不下他；我无数次想和老公离婚，但还是下不了决心；我不喜欢现在的工作，但是也不敢离职……都是借口而已，不是你不敢，也不是你不行，只是你选择能力差，你无法预先判断你选择的后果。你也无法预见你面前到底有多少选择，你更无法以很强的执行力完成这个选择，仅此而已。

成功的人，或者说幸福的人，就是在每一次做选择的时候，都是选择了更适合自己的那一个。你才是判断和选择的中心，其他人都是干扰因素，这不是诱导你变得自私，而是当你的判断和选择出现问题的时候，你的周遭也必定乱成一片。

选择能力的提高，是综合能力的体现，考验你的价值观，考验你的圈子，考验你的知识储备。有一点是可以肯定的，如果你的每一个小选择，都是正确的，等到需要做大选择的时候，你才可以镇定拿捏其中分寸。

选择这件事，看似怎么选都可以走得通，但其实它很难，一不留神选错了，也许你就很难回头了，所以，报以警惕，顺势而为。

## 56. 虽然辛苦，我还是要过滚烫的人生

2020年3月，我辞掉了在头部商学院做内容负责人的工作，开始自己创业。

身边的好友知道这个消息后，都会感叹一句：“何苦呢？”

是啊，何苦呢？在商学院工作，每天面对的都是企业创始人，不乏一些知名企业家，不但可以从他们身上学到很多做事做人的经验，而且收入不菲，名利双收。但是到了一定的阶段，就会懂得：名利这种东西，是最低层次的心理满足，总有些人想往更高处攀爬。

北野武的一句话我非常喜欢：虽然辛苦，但还是要过滚烫的人生啊！每当我做选择的时候，都会想起这句话。能否让我过上更加滚烫的人生，是我做选择时唯一的标准。

我经常说人生可以分为3种：一种是“温水”人生，是绝大多数人的人生，所谓的“温水煮青蛙”不外乎如此；第二种是“沸水”人生，朝着一个目标奋力去拼，感受过酣畅淋漓，感受过义无反顾，但也有一个峰值，就好像烧开水一样，到了100摄氏度就关

火，然后不再沸腾了；第三种是滚烫的人生，持续沸腾，持续冒泡，水花四溢，每一个想要靠近的人，都会感受到高温的灼热感，它的每次沸腾都是一次峰值，就在一次次的峰值挑战中过完自己的一生。我不要温水的一生，也不要沸水的一生，我想要滚烫的一生。

研究生毕业时，我出版了我的第三本书，刚面市就成为畅销书，出版社还印制了精装版本。那个时候微信公众号等自媒体正在兴起，我本可以凭着所写数10篇十万多阅读量的文章去做公众号，然后以接广告为生。但是有一天，当我这样做的时候，我就问自己一个问题：我这一辈子，只能每天写写写吗？我才26岁啊！我的人生愿望里面只有成为作家这一条路吗？然后我拿了一支笔，在纸上写下了我所有的愿望，排名第二的是我想做电视相关的行业。

我最想做的其实是主持人。我小时候非常喜欢看综艺节目，每每说起综艺节目主持人来，我都如数家珍。那时候，家里没有电视，我就跑到别人家里去过年，就是为了蹭看春晚。后来，家里有了电脑，我高中暑假的时间基本上全都给了主持人们，一遍遍上网搜索王小丫、鲁豫、杨澜、董卿等知名主持人的名字，从百度搜索的第一页开始，逐页点开她们的节目，并认真看到最后一页。高三时，我把她们的照片打印出来夹在课本里面，坚持不下去的时候，就看一眼。这种狂热伴随着高考结束。上大学时，我被调剂到了中文系，从此按照中文系的标准来要求自己，把自己培养成了一名作家，当作家这个目标实现的时候，我突然意识到我还有一个梦想：做主持人。

26岁时，我已经很清楚，想成为主持人几乎是不可能的。但我还想在这种“不可能”中寻找那点“可能”。于是，在研究生毕业典礼结束之后，我跑到央视一套《开讲啦》节目组去应聘，当主持人不可能，做幕后工作应该还是有机会的。凭借着初生牛犊不怕虎的生猛，愣是说服了制片人，让我这个“小白”从编导开始做起，虽然工资除了能交房租，就不剩什么了。没关系，只要给我一个机会就可以。

就像所有俗套的励志故事一样，除了付出百分之百的努力之外，没有其他方法，不懂的地方就一点点地去学，没有白天黑夜之分，没有工作日和周末之分，没有快乐和痛苦之分。现在回想起来，都是哭泣的画面，有时候，一个片子剪了四五个版本，凌晨两点回家的路上接到领导的通知说：这几个版本都不行。顷刻，我的眼泪哗啦啦流了下来。有时候已经连续五六天没睡觉了，刚想补几个小时的觉，工作群里发来通知：明天有一个采访让我做，需要赶紧准备采访资料，我放下手机就号啕大哭。有时候在录制现场，我在成百上千个小细节里面稍微疏忽了一个小细节，被同事指出来，觉得特别委屈，一边继续工作，一边流眼泪。哭着哭着，就成长了。半年之后，再遇到类似的事情我不再哭了，因为我都会了，于是我换到了另外一个节目组从头开始，然后用一年多的时间，在做了三季节目之后，一跃提拔成为主编。

成为主编的生活，如同煮沸水，水沸腾之后呢？是想逐渐变凉，还是一直滚烫呢？我明白如果我在主编的位置上熬几年，也许可以成为总导演；或者再换几档节目，继续生产相似内容也可以，因为已经懂得了一些电视的底层逻辑，靠着这一套方法，多加练习，正常工作是没有问题的，但也会看到自己的天花板。就在我纠结的时候，上天帮我做了一个答案。

我去参加一个朋友婚礼的时候，遇到了前文提到的商学院创始人。那时的我，对商业一无所知，虽然工作了几年，也见了很多人，但总觉得不接地气，和真实的世界隔着一层。他希望我去他那里工作，我就答应了。于是，我未经思索、不知所以地跨入一个新的领域。

后来，我思考过为什么自己做这个选择一点都不纠结，可能就是因为我内心一直在追求的“沸腾感”。我在商业领域是小白，如果能通过自己的努力，变成一位大神级的人物，简直太让人激动了。于是我从项目经理做起，又用一年的时间，变成了内容负责人。

最终，我还是选择了离开。自己去创业，依然是因为“沸腾感”。我在商学院里学到了很多自以为很有用的东西，我想放在自己身上试试，看是否行得通。如果说商学院的工作给了我一种沸腾感，那么，创业这件事就是让沸腾感持续下去。这次选择辞职的时候，我只问了自己一个问题：如果给你更高的职位，更高的薪水，你愿意留下来吗？我的回答斩钉截铁：不愿意！所以我毫不犹豫地离开了，我想对公司及创始人的亏欠以后还可以慢慢弥补。

创业之路走到今天，我也不确定是否能够一直沸腾，每天都是在冷静和焦灼的博弈中度过，完全不知道新的一天会发生什么，也不知道一个月之后会走到哪里，更不知道一年之后我在做什么，像一个掉进冰川深处的人，只能凭借着自己极强的意志力去仰望冰川之上的光芒所在。

这就是我，一个30岁女生的生活方式。没有绵柔的情感，没有佛系的下午茶，有的只是对自我的苛求，对沸腾感的渴求，每天都在挑战中确认自己的存在。生活方式，从来没有好坏之分，适合自己的，就是最好的。

希望你也拥有属于自己的沸腾人生，虽然辛苦，但真的有盛大的快乐。

## 57.真正考验友情的，是立场

我一向对交朋友这件事比较悲观。

也许正是因为这种悲观的态度，导致我身边的朋友并不多。我非常清楚：能交到一个真正的朋友，是多么幸运的事情。

什么是真正的朋友呢?

我有两位认识6年之久的朋友，一个在西安，一个在北京。我们三人有一个小群，每天在里面谈天说地，梦想着自己住豪宅，嫁给一个好老公，说着别人的八卦……总之，无话不说，就连性生活这种话题也是毫不避讳。

在我选择创业的时候，她们两个信誓旦旦地说："全力支持，义无反顾地支持。"我是相信的，也因此，我有了更多的底气。

直到有一天，当我将深思熟虑了一个月的决定公布后，引起争议，但我还是想做，因为我觉得值得。没想到当我把这个决定发布出来，其他人还没有争议，"六年的友谊"先争议起来了。

西安姑娘义无反顾地支持，帮我拉资源、找渠道，想尽一切办法来帮我达成目标，连自己的表妹和表弟都找来帮忙，也是在这个时候，我才知道，她在北京是有个舅舅的，她说：“我给我舅打个电话，他也许可以帮到你。”总之，那几天她用所有的行动告诉我：我相信你，我要义无反顾地去支持你，哪怕全世界都不理解你，我懂你。

北京姑娘知道后的第一件事是把我约到一个咖啡馆，拿着电脑，逐条列出我想做的这件事情的困难之处和会有争议的地方，然后告诉我：“你不可以这样做，你做了一个错误的决定，我必须要告诉你！”我觉得她不能完全理解我情有可原，我表明了我一定会尝试去做的原因和决心，然后我们各自回家了。没想到回家之后，这件事情并没有结束，她联系了几个在北京的朋友，给我打电话，约我吃饭，和我谈事，统一口径地告诉我：“做不得，投资太大了，你会失败的。”

我清楚记得那一天，我见了3拨人，平均一个小时一拨人，就想获得一些机会，说得口干舌燥，也提心吊胆，担心做不好就失去机会。就在这3个多小时里，在我热火朝天地和一些预备项目合伙人沟通时，北京姑娘不停地给我打电话，我不方便就没接，然后她不停地给我发信息：“你为什么不接电话？我给你说你这样做不行。就是会失败的！”“你是想要我们的友情结束吗？好，咱们结束吧！以后谁也别联系了！我都是为你好……”

你们可以想象吗？我一边在谨小慎微地和别人谈合作，然后一边看着手机屏幕砰砰跳出来的质疑和打击的消息，这个画面多么讽刺：一个人在为了一件事情拼命努力，而另一个人在拼命阻止和质疑，好似一边是冰水，一边是火焰。也就是在那几个小时里，我嘴上谨小慎微地谈着项目合作，心里完成了对这个人的告别。

6年的友情，在3个小时内结束。

我最近非常喜欢的一个词叫作“义无反顾”。在事业上，我义无反顾地去拼；在友情上，西安姑娘让我相信：有些人也是可以为你义无反顾的。不是义无反顾地对你好，不是义无反顾地对你付出，而是义无反顾地相信你。对，相信比什么都重要。

真正的友情是什么？真正的友情就是相信对方。你相信对方做的这个决定，不管是好是坏，都是认真思考过的；你相信哪怕对方现在还很弱，但是通过自己的努力是可以变得强大的；你相信她所做的所有的事情都是基丁她好的初心，被相信是你们成为朋友的基础前提。

相信的底层逻辑，是立场的一致，是所有人都在反驳我的时候，你站在了我的立场上；是哪怕你自己不是很同意，但是你会站在我的立场上想问题。站在对方的立场上，才是真正的爱和支持，就好像父母如果真的爱自己的孩子，并不是一味对他好，也不是打击他，而是站在他的立场上，去想他为什么这么做，而我基于他的立场如何帮助他更好地成长。

如果有人问我友情是否存在背叛吗？我会说：“存在。”所谓的背叛，从来不是你和别人的关系走得更紧密了，或者和我没有联系了，而是你和我的立场不一样了，而是你不再愿意站在我的立场去想问题了。

事情还没结束，那件具有争议的事情已经获得了良好的结果，不久就可以被很多人看到。后来，我问西安姑娘，我说："要不要来北京，一起发展？"她马上说："可以啊。"我说："你可得考虑清楚，我们的前景未必好，再说也要问问你父母是否在意，毕竟离家远；更重要的是咱们现在没有办公室，你要在家里工作，不能像以前从职场上学得到更多的东西。"她安慰我说："在家办公多好，可以自己做饭，不用吃外卖，多健康。"

我会永远记得她这句"可以啊"，这句话里没有一丝犹豫，只有义无反顾。也是因为她的义无反顾，更坚定了我必须义无反顾地去打拼的决心。

没事不要去考验友情，但也要记得：经得住考验的友情，才值得你珍惜。

## 58. 自律才能获得最大的自由

上小学五年级的时候，我就完成了人生第一部5万字的长篇小说，是用铅笔在格子纸上歪歪扭扭地写的。有时候和朋友讲起这个故事，他们总是很惊讶地问："你是怎么从小做到这么自律的？写5万字，对小学生多难啊！只是因为热爱吗？"

这个问题，我想了很久，是啊，小孩子都喜欢玩的，我怎么可以有始有终地去完成创作呢？直到前些年，终于从我爸爸身上找到了答案。

我爸爸是一名普通的中学英语老师，很多人羡慕老师有周末和寒暑假可以休息，但爸爸应该是个例外。每逢周末和假期，他都将自己关在画室里画画，有时连午饭都不吃，傍晚的时候，带着一身的兴奋感回家，然后和我妈聊天。比如，今天自己又找到一种全新的画鱼的方法；这次的颜料组合出乎意料地好；有人买了自己的画作……现在回想起来，这样的一幕从我有记忆就开始已经存在了。每个周末和假期，几乎没有见过我爸爸浪费过任何一天。

也许是在我爸爸的耳濡目染之下，我明白：对一件事情真正的热爱，就是自律地、持之以恒地对待。我爸没有学过画画，只是凭着自己对画画的热爱，一遍遍自律地临摹，画画的水平逐渐提高。我也一样，截至目前出了几本书，大约有上百万字了吧，我没有上过一次写作培训班，靠的就是自律地进行每一天的练习。

我的偶像严歌苓说："你眼里苦行僧般的自律，只是我日常的生活方式而已。"

几十年来，严歌苓每天坐在书桌前写作六七个小时，从早上9点到下午4点，结果就是每隔一两年，她就凭借畅销书或者改编的影视作品大火一阵，不断给观众惊喜。她曾经说："我当过兵，对自己有纪律要求的，当你懂得自律，那些困难都不算什么。"

是啊，自律就是在对待给自己定下的目标时，除了绝对服从，再无其他，这就是所有成功之人的"捷径"。

也许你会说："蓑依，因为你出生在一个有很好的自律习惯的家庭里啊，你很幸运。我的家庭一团糟，我也想自律啊，但做不到怎么办呢？"

如果你说你的家庭一团糟，那我给你讲个更糟糕的环境吧！

我在北京卫视《我是演说家》工作的时候，有一个人通过微博找到我，说想参加我们节目。我翻了一下他的微博，瞬间就气馁了：每条微博都是在转发中奖信息。这样希望获得偏财的人不符合我们节目的调性，但本着"有请求必回复"的原则，我联系了他。

我直言不讳地问他："你怎么每条微博都在转发中奖信息啊？"

他给我的回复，让我汗颜不已，他说："因为我是个肌肉萎缩患者，完全没有劳动能力，每天必须坐在家里，我很希望能转发中个奖，给家里减轻一点负担。"

后来，在他的讲述中我才知道，他想参加节目，是因为很担心万一他有一天死了，根本没有人记得他曾经来过这个世界，除了他的父母。而他的父母，也是像养一条小狗一样地对待他，给他吃，给他穿，但给不了他任何精神食粮，他很想看书，父母说："家里没钱。"

他理解父母，小时候家里为了给他看病，确实把整个家底都掏空了，父母都是辛勤奔生活的农民，没有时间和精力研究怎样能给他一些精神力量。他唯一想到的方式就是写作，因为肌肉萎缩，无法用手打字，就用嘴叼着树枝，在一台老旧的、卡得要命的电脑上打字，每天写作一个小时，才勉强打出300多字，但几年过去，他写出了几万字。

采访时，他告诉我："因为这些文字，我能感觉到我在活着；因为每天在固定时间点做固定的事情，我觉得日子才有盼头。自律让我觉得我在好好生活着。"

我周边有非常多家庭条件很好的朋友，但他们很厌世，对自己的生活极不满意，原因无非就是生活一团乱麻，找不到一个可以安定自己的坐标。你不自律，生活就会反噬你。

之前做"企业家演讲"培训的时候，辅导过一个富二代，他给我讲了很多他的故事，让我印象非常深刻。他有一个观点让我觉得挺意外的，他说，他之所以有很长一段时间过得很糟糕，是因为有一个极度自律的父亲，他觉得自己再怎么努力也超越不了父亲，于是就放弃自己了。

父亲从一无所有到成为好几个国家级工程项目的承接方，深知机会到来的不容易。“富二代”说他父亲书房的灯，从来没有在凌晨两点之前熄灭过，父亲从晚上9点进去，就一直坐在里面，大多数时间都是在不停画图。

“富二代”很不适应这样的生活，因为他周围那些与他同样家境的朋友过得很潇洒，他觉得自己这样的生活太乏味了。于是，他整日不回家，在外面和朋友喝酒唱歌，高中时去国外读书后，更是浑浑噩噩。

结果就是，等他回国的时候，一份工作都找不到，不得已回到父亲的公司从底层开始做。去参加那个演讲培训的时候，他已经29岁，这是他人生第一次公开发言，而他训练自己演讲能力的目的就是为了参与竞标。他目前说话依然没有逻辑，站在台上就怂，没有一点他父亲伟岸的样子。

思想家蒙田说：“真正的自由是在所有时候都能控制自己。”虽然有的人一辈子无法走出自己的家门，但是自律让他获得了真正的自由，他能控制自己的人生，而那些比他出生环境幸福无数倍的人，反而因为自己的懒惰、拖延、不思进取，真正地失去了本应该拥有的自由。

《奇葩说》最近几年大火，很多人可能会对其中一个人——复旦大学哲学系老师熊浩印象深刻。早前，他是我们节目的冠军，他最让我印象深刻的一点也是自律。

熊浩上节目的时候，作为编导我们经常需要晚上和他打电话沟通稿子，一般晚上11点之后给他打电话，一定是找不到他的。第二天，他会来质疑："大晚上的，你难道不困、不睡觉吗？明天难道不用早起吗？你怎么这么奇怪？"我们经常被问懵了，反问他："年轻人不应该都熬夜吗？不熬夜才奇怪不是吗？"

我们有时会吓唬他说："如果发生了天要塌下来的大事儿，联系不到你，你难道不担心吗？"他很坦然："如果天要塌下来了，那我也活不成，联系我也没有用。"

熊浩似乎已经过上了老年人的生活，规律到近乎刻板。早起晨练、早餐、上课；午餐、午睡、上课或者读书；晚餐，读书，11点准时睡觉。这样自律的生活让他看起来比同龄人年轻太多，以至于"熊浩到底多少岁"都被推上过热搜。

当时我们的节目导师鲁豫曾经评价他有冠军相。这种冠军相就是极度的自律成就的，你可以看到他的克制，他的清洁，他对自我要求的严苛。果然，他成为节目的冠军。这几年，他也成为很多年轻人的偶像。

很多人只看到他的学识，看到他的侃侃而谈，没有看到这些东西的底层是他日复一日的自律，自律地读书、自律地讲课、自律地钻研。每个在舞台上有光的人，都有自律作为坚实的支撑。

有段话是这样形容自律的：自律就像一颗卫星，在推向太空的前期，必然有过一段漫长、痛苦或者前途未卜的经历，然而一旦冲破大气层，摆脱地球引力的束缚，剩下的就是在既定的轨道井然有序地运行，不经历前期的挣扎和锤炼，不会体会到那份悠然自得的从容。

愿我们每个人都能拥有那颗自律的卫星，在自己的轨道上，有序地运行，成为更好的自己。

真正拥有自律的人，才能得到是真正自由。

## 59. 太用力的人，跑不远

2020年年底，我在深圳见到一个在银行工作了十几年的朋友。她给我看她去年的基金收入情况，并且非常坚定地告诉我："如果你拿出你一小部分钱放在基金里，你可能这一年都不用怎么工作了。"说完她就教我如何操作定投，并且把自己非常信任的两支推荐给我。在分开的时候，她给我说了一句让我印象特别深刻的话："放在里面越久越好，不要着急取出来，哪怕涨了很多也尽量不要，这是个长期活儿。"

我相信她是对的，不，与其说是相信她，不如说是相信长期主义。我信任一切长期主义的事情，果然，年底基金的收益是非常不错的，因为信任长期主义，我依旧每日坚持定投，而不是一下子投入很多；因为相信长期主义，在收益暴涨的时候，我也没有想着趁机捞一把，不然哪天跌了怎么办。

这仿佛是2020年的一个隐喻，上天在用自己的方式告诉我：别太用力做任何事情，循序渐进，慢慢来，太用力的人，跑不远。

2020年是我创业的第一年，因为有股兴奋劲儿，觉得自己一定能干出一番成绩来，导致我前10个月的时间，特别用力，用力到身体吃不消，用力到脑子不够用，用力到怀疑做这件事情的价值。在这里“用力”不是一个褒义词，是一个贬义词，太过用力意味着非常想要快速拿到结果，是短期主义投机主义的表现。

我很喜欢一句话：别人不帮助你很正常，帮助你就是情分。放在创业过程中同样适用：付出努力，仍然得不到收获，很正常；付出努力就可以得到收获，是幸运，是上天给你的情分。可在创业的早期，我认为每份努力都必须得到回报才可以，而且是快速得到回报，否则就是我的能力有问题。现在想来，这种用力有种无知者无畏的感觉。

其实不仅仅是我，很多人都把太用力当作自己努力的标志。在写作陪伴营社群里，我最怕的一种人就是每天都来问我写作相关的问题，非常用力且痴迷，可是，你知道吗？这种用力背后就是想快速提高自己的写作能力。对不起，写作能力这件事真的快速提高不了，它是一个细水长流的系统性问题，你的思考能力、逻辑思维能力、抽象事物的能力，哪一项都不是快速可以提高的。

当我们拼尽全力去努力的时候，偶尔也要停下来问问自己：我这个用力，背后是不是意味着我想快速拿到结果；如果是，答应我，停下来，慢慢来反而会比较快。

在我意识到这一点后，我就开始调整自己。在年底两个月的时间里，基本上不开直播，把短视频的频率也降到最低，甚至没有开一门课，只是读书、写作、备课、调整团队，做一些休养生息的事情。我也在用力生活，只是用力得慢了一些，没有像过去似的，仿佛在打仗一样，适当节奏的用力带来的结果是我对未来的规划有了更清晰的方向，也坚信慢慢来更适合我。因为我做的事情不是要用来哗众取宠的，也不是马上可以得到结果的，慢慢来，我走得会更稳、更持久。

相信有一天，你也会懂得：太用力容易心无旁骛，但心无旁骛不一定是好事儿，“边角料”其实更能滋养人。

不愿意花时间等到成功的人，没有资格问为什么失败，因为成功很多时候就是熬到的，你没有熬到那个时间，就是会失败。

正巧最近在读巴菲特的书籍，看到他的一个观念，正暗合此理。他说：“我从不打算在买入股票的次日就赚钱，我买入股票时，总是会先假设明天交易所就会关门，5年之后才又重新打开，恢复交易。”

他告诫投资人，任何一档股票，如果你没有把握能够持有10年的话，那就连10分钟都不必考虑持有。

我想，对热爱的事情也是一样，如果你相信自己会爱这个事情10年，那就10分钟都不要犹豫，投入进去，10年之后你会看到一个不可想象的自己。

## 60. 成长是孤独的

2019年，我出版了一本书《要么庸俗，要么孤独》。

这本书的书名是编辑崔悦姐起的，她说会大火，我也没有多想，就用了这个名字。只是当时我对这个名字没有太多感受，但我知道它从理性层面上来说，是对的，叔本华大师也说过；但倘若谈笃信，我是没有的。直到2021年年底，我才对这句话，有了真切的理解。

2021年年底，一直萦绕在我脑海中的一句话就是：所有的成长都是孤独的。这似乎是个老掉牙的句子，无数的人谈过成长，无数的人也谈过孤独，但听过的很多道理，总是在后来经历过一些事以后，才知道其中的道理。

2021年年底，我以每3天读4本书的速度来缓解一年的知识饥渴感，每天输出6000字来复盘、思考和写作。晚上睡不着的时候就回想过去一年哪些事情做对了，为什么做对；哪些事情做错了，为什么做错。当我这么一天天努力下去的时候，我感到自己的成长是飞快的。同时，我也意识到，这种成长是不可言说的，是属于自己一个人的，是孤独的。

怎么与他人说呢？告诉别人我的阅读书单吗？书单本质上是无用的，真正让一个人成长的是自己在读书过程中那几次叩动心扉的时刻，那种妙不可言，那种浑身酥麻，那种要和作者碰杯的感受，无论用什么词语都形容不出来。

就像前段时间，我又拿出稻盛和夫的书来看，每读一句，都验证了人生的厚度又增长了几分，可是这种感觉，怎么给别人说呢？说不出来，甚至你自己都不清楚那混沌一片的感受到底是什么，是喜悦？是感恩？是智慧？好像都是，又好像都不是。

毛姆在《月亮和六便士》里面说：我们每个人生在世界上都是孤独的。每个人都被囚禁在一座铁塔里，只能靠一些符号同别人传达自己的思想，而这些符号并没有共同的价值，因此它们的意义是模糊的、不确定的。

真想请毛姆喝杯酒，他说出了人生的本质：符号并没有共同的价值，本质上人和人之间无法达成真正的理解，所以一定孤独。

当我把这篇文字写下来的时候，只是在陈述我所坚信的事实，没有任何顾影自怜的矫情。孤独不需要可怜，不需要对抗，不需要温暖的拥抱，它就是事实本身而已，我们像接受一年会有四季，像接受会有日升和日落一样，接受这个事实就好了。

我想一个人若能接受孤独这个事实，除了上面所谈及的“人类本质上依靠符号无法沟通”之外，还有一个很重要的原因，借用布考斯基的话来说，就是“我不以孤独为荣，但我以此为生。”

不得不承认，我就是以孤独为生的人，假如没有孤独，我会非常虚弱。

每年过年的时候，按照老家的习俗，各家都会宴请宾客、礼尚往来，每天沉浸在家长里短之中，比我看10本书都累。每次送走客人，我都关上门在自己的房间待上几个小时，哪怕什么都不想，什么都不做，也觉得舒服、妥帖。

我是一个很开朗的人，几乎见过我的人都会觉得表达能力特别强，但外向和孤独并不冲突。我偶尔会觉得自己是在孤独中才拥有了和外面世界交流的力气，它是我的道场，我在里面修行，休养生息。

青年作家张嘉佳曾说，孤独是全世界，是所有人，是一切历史，是你终将学会的相处方式。我觉得很对，本质上它也是一种技巧，当你孤独地生活时，你也就拥有了最舒服的姿态。

也就是在这个时候，我深刻体悟了要么庸俗，要么孤独的真正含义。我特别排斥两分法，在我看来，任何事情都有中间地带，并不是只有对和错，但是在要么庸俗，要么孤独上，觉得是没问题的，因为庸俗和孤独不是单个点，而是一片宽广的领域，仿佛陆地和海洋，你选择何种生活，是你的问题，没有好坏，只要签署了这份协议，你就得体面地完成。

《夏目友人帐》有一句台词："我必须承认，生命中大部分时光是属于孤独的，努力成长是在孤独里可以进行得最好的游戏。"祝福你，在这个游戏里，玩得开心。

# 第七章

# 一个人要活成一支队伍

## 61.一个人要活成一支队伍

2021年9月4日23:10。我想给你描述一下我此刻的状态：

手机里有100多条信息没有回复；刚接到编辑催稿的电话；明天有新的课程要开营直播，可是我突然发现直播时间和我好朋友监制的第一部电影首映撞一起了，只能把开营直播挪到下午，晚上赶去参加首映礼；明天还有3节视频课要录制，今晚得再顺一遍幻灯片……

你没有看错，我和你一样，当把要完成的工作列下来的时候，只有一种感觉：事情永远也做不完。

这就是我从事自由职业第500天的感受。一个人必须要活成一支队伍，哪怕我现在有了助理，属于我的事情依然也忙不完。

如果你也打算从事自由职业，我有6条建议给到你，肺腑之言，相信你看了以后一定会和我隔空击个掌：

第一，不要怕自由职业养不活自己，要相信自己强大的求生欲。

当你走上自由职业这条路时，只要你不放弃，它一定会越走越宽。我在辞职的时候，也曾经担心过之后的收入问题，后来发现，再难的情况也能扛过来，都不是事儿。

第二，从事自由职业最好在一个领域不断突破，不需要发散到很多领域。

我从事自由职业500多天，一直在做的事情就是写作。第一年相对来说比较难，但再难，我也只做了这一件事；第二年就好了很多，因为你在这个领域里面更资深了，各方面资源也就更多了。

第三，自由职业，并不意味着你自己一个人做，你仍然要面对团队合作这件事。

我是在去年3月份辞职后开始从事自由职业的，7月份的时候，我就招了全职助理，因为自己实在忙不过来。它可能不能称为创业，因为团队太小了，但是依然要面对管理问题。人永远不可能独立生存的，自由永远都是相对的。

第四，自由职业者的前几年，一定比上班族累很多，后几年，才有资格稍微“躺”一下。

我在做自由职业的时候也想过，要不回去工作吧，打工还是轻松的。但也就是一个念头而已，因为我相信所有的事情都是前期难，后期就容易；前期容易，后期就难，难易都是平衡的。的确，第一年累死累活的，第二年相对好很多。

第五，做了自由职业者，尽量就不要再回去了。

我有好几个从事自由职业的朋友，觉得生活难，就又回去上班了，但是上班后发现已经很难适应职场生活了，又都回到了自由职业上来，折腾一通以后才死了心。尽量不要吃回头草，日子只会更难。

第六，自由职业是我看到的能改变人生的少数选择之一。

自由职业的可能性一点也不亚于创业。打工的可能性就那些，而自由职业的可能性远超你的想象。从某种程度上讲，这个选择已经改变了我的人生。

## 62. 这些社交规则，让你遇到贵人

如果说这些年我的成长还算快的话，其中很重要的一点，就是不断有贵人来帮忙。

也许是他们给的一个合作机会，或者简单的一个方向性的指导，可能就能让我的一年都过得风生水起。

这么多年下来，我总结了8条社交潜规则。

第一，不要做“滥好人”，有原则、有棱角更容易让人信任。

没有人喜欢没有原则的人，因为他可能会随时倒戈，给别人的社交安全感很低。

有原则，虽然有时候会让人觉得不舒服，但长久关系的维系得靠它。

第二，遇到问题，先确认，再去追究原因。

比如你听到朋友说有人说你坏话，如果你要去追究，第一步不

是直接追问："为什么你背后说我坏话？"而应该是："是不是你这样说过我？"

有时候，我们了解的未必是真相。

### 第三，即使做不到当面指出某个人的问题，也不要背后说坏话。

如果你不能当面指出问题，那不是对方的问题，而是你自己的心态及情商的问题，可以因为不知道如何处理而不开口，但请不要背后说别人，因为和别人无关，是你自己不会处理。

### 第四，接受你的社交关系是不可能稳定的，圈子是需要经常更新的。

有些人之所以处理不好社交关系，是因为想从长远考虑，长远出发，但殊不知，这世界上并没有长远的社交关系。社交是很现实的，当你不抱着必须长远走下去的心态去面对的时候，反而会更享受当下，关系更融洽。

### 第五，做事靠谱，是最大的社交杠杆。

所谓的凡事有交代，件件有着落，事事有回音，不是每件事都必须做得好，但是每件事都有交代的人，会给彼此很大的安全感。

### 第六，这世界没有秘密可言。

不要给别人说不想被第三个人知道的话，也不要听人说这事只有你知道的秘密。

秘密这东西很没有意思的，除了满足“八卦之心”，毫无用处。

### 第七，用换位思考来拯救自己的坏情绪。

当你遇到特别令自己气愤或者无语的事情时，站在对方的角度想一想，往往就会释然。

每个人都是不同的，我们无法要求别人和我们一样，如果要想心里过得去，换位思考一下，一切自有答案。

### 第八，很重要的一点：不要对所有事情刨根问底。

如果你给对方发了一条信息，对方没有回复你，就算了吧，别再去追问了。

成交人之间的默契就是：如果我还没有回复你，大概率是因为：我不想回复你，或者对此很无语。你就别再去问：“亲爱的，你收到我的信息了吗？亲爱的，记得有空回复一下哦。”

他都知道，只是不想回复而已。

## 63.这个世界，会给坚持梦想的人一颗糖

大学的时候，和我关系最好的只有两个人，小张和小石。

读大学时，我们雄心满满，相信自己一定可以成为很成功的人。

我认为的成功，是成为作家；

小张认为的成功，是成为新闻人；

小石认为的成功，是成为电影人。

这3个愿望，在县级市的大学里面，多少都有点异想天开。

但没关系，人还是要有梦想的，万一实现了呢？

大学四年，我每天坚持写作、投稿，写了上百万字，大学毕业的那一年，出版了人生第一本书，也算是圆了一个作家梦，也是“铁三角”里面第一个身体力行地证明“无论多大的梦想，都可以通过努力实现”的人。

大学毕业后，小张去了中国传媒大学读本科第二学位。在这期间，他把所有的精力都放在了上课和实习上，课程结束时，他得到了去央视《中国新闻周刊》实习的机会，一干就是6年，直到今天

还在这个节目组工作，成为他的偶像白岩松的同事，他实现了新闻人的梦想。

能力最强的小石，是我们之中唯一考上名牌大学北京电影学院的研究生。然而，命运似乎在刁难他，他哪怕用尽了全力去实现电影的梦想，可是一路坎坷。这些年看着他奔波在各大电影节，也看着他熬无数的大夜去写剧本，最终，都是刚溅起一点水花，顷刻就结束了。

后来，我们都忙起来了，在各自的领域摸爬滚打。直到前一段时间，小石突然告诉我：他监制的电影做了一场点映，邀请我们去看。

必须去，哪怕当天晚上我有课，辜负几十位学员的期待，也要去。

这并不是他第一部完整的电影，他只是监制，这部电影也不是一部在任何影院都可以上映的电影，只能在局部点映，那又能怎么样呢？当我在主创名单上看到他的名字时，我确认，他实现了他的电影梦。

制作电影太浩大，需要无数工种的配合，需要大量投入，比我们成为作家、成为新闻人都要艰难。可他，还是在一步步往前走，虽然撞得头破血流，但路不是走出来了吗？

我今年31岁，已经不信鸡汤了，大多数人的生活都很难，都是一地鸡毛。

可是，我信梦想，无论你出身多么贫穷，起点多低；无论你对未来如何焦虑，你多么没有人脉；只要你不放弃，这个世界终会给坚持梦想的你一颗糖，会给你星光，会给你最好的人生。

## 64. 如何积极社交？

很多熟悉我的小伙伴都知道我和很多企业家、学者、明星艺人是非常熟悉的，会问我：如何积极社交呀？

其实，其中很重要的一个原因是我的工作本身会带来这些人脉。一方面，我在顶尖的电视节目组工作过几年，有先天的优势可以认识很多人；一方面，我在企业家商学院工作过，现在有的一些合作机会都是那个时候培养起来的。

但是，认识一个人，或者有过几面之缘，并不算有真正的社交。

一个人能成为你的贵人，一定是你们彼此有需要，彼此能成就对方。

我回想了一下，能够和一些比我优秀很多、名气大很多的人保持良好的关系，可能源于下面这4个方法。

首先，改变认知：所有人都是普通人，明星、企业家也是普通人。不要过于卑微，就是像对待普通人一样对待就可以了。

（1）这个方法说起来简单，做起来很难的一个原因是很多人是有区别心的，一看到比自己优秀的人，就开始谄媚，你以为这样是聪明的，恰恰相反，聪明人一眼就可以看破你。

（2）每个人都是普通人，所以不必须格外优待。我之前做节目的时候，没花一分钱请过几个明星，同事都很惊讶：为什么你可以做到不花钱？因为我把他们当作普通人去谈的，而不是带着“他们是很贵的”心态去谈的。

其次，你要有一技之长，能对别人有帮助。

（1）如果说成年人的世界关系比较残酷的话，就是你得对别人有用处，否则只能靠运气了。

（2）我给比我厉害的人提供帮助的方式，就是我能帮助他们做演讲，任何场合的演讲都可以掌控，后来他们一想到做演讲就会想到我，哪怕平常不交流，也不会和我断了联系。

再次，前期可以无偿服务，全力以赴，不要那么斤斤计较。

前年一位非常优秀的企业家在北京办婚礼，他们想做得比较特别，就做了一个“演讲婚礼”，请了20多位演讲嘉宾，而我前期负责帮助嘉宾改稿子。当天最早到场帮助他们指导演讲事宜，大家都吃饭的时候，我还在负责会场音乐的播放。

朋友笑话我说：“你拿着份子钱，干的却是服务人员的活！”

我却不觉得，因为他婚礼上的演讲嘉宾，一定是他非常重要的朋友，他把这件事全权交给我，是对我的信任。

这样的结果就是他将全年的合作机会都给了我。

最后，定期送礼物，保持一定程度的活络。

送礼物，真是一门大学问，但是根据我的经验，总结起来就两个点：

（1）不用太贵重，重要的是特别。贵重的东西他们都有，特别一点的更好一些。比如，有一年六一儿童节的时候，我送给几位女性贵人定制的铅笔盒，瞬间让她们找回童心，比送什么首饰、包包有意思得多。

（2）平常可以根据社交平台所晒的一些东西，了解喜欢的风格和物品，这样送出类似的礼物，对方会感受到你的用心。

有一次，我给一位优秀的创业者辅导演讲时，他说了一嘴："要是我说的，都能变成写的就好了。"等下次见面的时候，我就送他一个语音转文字的工具，他很惊喜。

积极社交，其实和普通社交没有两样，只不过是要付出时间和心血。

## 65. 比焦虑更可怕的是自我内耗

最近和学员聊天有一个很明显的感受：与其说大家焦虑，不如说大家太容易自我内耗了。

还没开始阅读，先在心里问自己：我能行吗？如果我读了书，也成为不了读书博主，怎么办？我根本挤不出时间来读书啊，怎么办？

还没开始写作，先给自己制造一堆难题：我行吗？我有写作天赋吗？我都30多岁了，现在写作晚不晚啊？我练习了很久，变现不了怎么办？

这种自我内耗，带来的结果就是：一切想要变得更好的路，都被自己堵上了。

很多人问我为什么一路走来看起来还挺顺利的？写作，大学毕业就能出书；找工作，一下子就进入顶尖的电视台；自由职业，做得风生水起。这一切的背后，可能是因为我是一个行动力超强的人，我的人生字典里，没有内耗这个词。

30岁的某一天，我突然想辞职，就是一个念头而已，不知道为什么要辞职，也不知道辞职之后去做什么，但一周后，我已经走完流程从公司离开。两周后，开始对外合作业务。一个月后，在忙不过来时，招聘了人生中第一位助理。

30岁是人生的分水岭，就是这么简单、直接，甚至有些粗暴，以肉眼可见的速度走向更好的自己。

如果你此刻正在内耗的状态中，我分享给你一些我的思考，希望你早日结束这种损伤自己的状态。

（1）任何一件事情，当你深思熟虑之后，再去做，也不一定不会出错的。有想法就去行动，在行动过程中解决问题。

（2）人的能量是一定的，别让自我内耗消耗你太多能量，咱们省省，要用这些能量去抵御千疮百孔的生活。这笔账，咱们得会算。

（3）很多时候，自我内耗只是一种自我欺骗和自我安慰而已。亲爱的，别骗自己，勇敢走出来，别给懦弱找借口。

（4）先去做你认为简单的事情，把它做好，让你感受到成功的快乐，然后再把方式方法复制应用到难的事情上，不要一开始，就逼自己做难的事儿。

（5）你赚的每一分钱，你过的每一种生活，都是你的认知变现。所以，想从根本上变得不再内耗，一定要提高自己的认知水平，去阅读更宏观、更丰富的书籍，无论是人类学、心理学还是社会学，都能帮到你，别局限在眼下的世界，太狭窄了。

（6）别因为你是女生，就放任自己的情绪内耗。没有人想和情绪不稳定的人做朋友，用30%的时间去接纳情绪，用70%的时间去做相关的实事儿，科学分配你的时间。

没有自我内耗的女生是自带光芒的，一眼看去明亮温暖。

祝你也拥有光芒呀。

## 66. 31岁这一年，我确定了我的人生合伙人

今天，我结婚了。

如果要给自己一份有仪式感的礼物的话，那就把下面这8个感受刻在脑海中：

（1）永远不以爱的名义去要求对方做出改变，除非他自己想改，否则，把不能改的地方列为对方“无能为力”的清单，不再花费任何精力。

（2）人生合伙人，不是仅仅分享快乐，更重要的是一起抵御人生的风险，面对任何困难都愿意站在彼此前面，不能退缩。

（3）你们的关系只低于你和自己的关系，高于其他一切关系，包括亲子关系。

（4）两个人必须保持成长性，无论是否在同一方面上，只要寻求变化，都能越来越好，而一起成长的前提是你得先变好，他自然就会想要变好。

（5）无论处在怎样的境遇，物质追求都不是第一位的，培养感受幸福的能力才是。

（6）家庭生活有很多种形式，不用拘泥于任何一种，去过在自己能力范围内的，让自己心动的任何一种。

（7）无论什么情况下，坚决不纵容自己随口说出“离婚”二字。

（8）日子是两个人的，日子也是平常日子，好好过日子，把日子过好，是必修功课，不可有一日荒废。

## 67. 30岁这一年，我明白了10个道理

转眼间，我已经30岁了，时间快到来不及眨一下眼。

很多年前算命的人给我说：你30岁那一年会非常富有，我怀抱着这个希望憧憬30岁的日子，后来发现不过是和其他年龄段一样，努力工作，顺带着照顾一下生活，仅此而已。朋友安慰我说：“你别着急嘛，人家可能是按照生日算的，到明年5月份，你才过完30岁，还有机会！”

哈哈，什么机会不机会的，我对自己的30岁非常满意，因为我完成了多年的夙愿，已经开始创业，哪怕走出的只是一小步，但总算开始了。

每个年龄都有对事情不同的认知，今年我最重要的10个思考分享给大家：

### 第一，知道自己“能做什么”和“不能做什么”非常重要。

年轻的时候，觉得自己凭借努力和勤奋，没有什么做不到的，过去的经验也证明，的确想得到的都得到了，但是越往后走，越会

发现自己的局限，并且这个局限很大。一个人只能在自己能做的那部分事情中游刃有余且钻研得更精深，有些事情你是真的做不了。这和自信没有什么关系，现实很复杂，一腔孤勇力量却有限。

### 第二，自己的成长模式和商业模式是完全不同的两码事。

创业之初，我是按照自己的成长模式来设置产品模式的。因为我切身试验过，对自己非常有用，但后来发现自己不能代表所有用户，哪怕初心是好的，但商业就是商业，要制造符合消费者期待的产品，而不是自己觉得有用的产品，自己只是一个非常非常小的个案而已。

### 第三，及时止损，当下会疼，长远来看，伤口上会开出花。

今年的我，做了两件特别及时止损的事儿，结果证明是非常正确的决定，但是当下，非常痛苦，我在一件事情上没有及时止损，导致的结果就是能量越来越差，不过好在年底我还是止损了。事实上，没有损失是你承受不了的，果断做决定，就是最大的效率。

### 第四，只有勤奋是不够的。

如果有人夸我：“蓑依，你好勤奋，好努力！”我不再认为这是一句夸奖。如果我现在还把努力和勤奋作为我的竞争力，那我不会有什么更好的未来。

第五，不期待任何人理解你，你只需要对自己负责。

当你面对的事情越来越多，越来越复杂，哪怕是你身边的人也无法完全理解你。完全被理解，就是个伪命题，所有人都只能从自己所处的位置上来看你，只能看到很局限的部分。有时候不是对方不想理解你，而是没有合适的角度理解你。最大的理解就是你对自己的每个决定负责，你不会慌，会很坚定。

第六，成大事者，不言委屈。

因为被完全理解是个伪命题，所以没有委屈也就是个伪命题。当受到委屈、误解的时候，别还嘴，用行动去证明，当然有些事情也无须证明。所以还是那句话：做好自己能做的、该做的，一切都会很好的。

第七，一个人最好的状态就是自洽。

我一直觉得自己是个很特殊的人，就是特别偏执地扑在事业上。有心理咨询师给我做过咨询，惊奇地发现我几乎所有的快乐都来自事业，而且是发自内心的快乐，哪怕很不平衡，但我在那时那刻真的快乐。她告诉我："没有关系的，只要你是自洽的，舒服的，无所谓是否平衡。"这句话也送给你们。每个人都有自己的生活方式，别被别人影响，找到自己最舒服的状态，只要自洽就好。

第八，遇到优质男生的前提是要有独立的判断能力。

很多人向我吐槽自己的男朋友，说实话，我并不想安慰，因为你自己找的男朋友，他怎么样你都要面对的；我和丁老师刚在一起的时候，也有很多人不看好，3年过去了，几乎没有一个身边的朋友不对我说“你真是太有福了”。不是我“阅男无数”，而是我清晰地知道自己想要什么，我也可以透过一些表象看到他真实的内在。我认为遇到“渣男”，就是判断能力不行，别嚷嚷其他的；错过好的男生，也是判断能力不行，别怪什么缘分。

第九，30岁开始，赚钱能力某种程度上决定了你拥有什么样的人生。

于我自己而言，30岁时，我有了自己的生活方式，而这种生活方式也真的不是特别便宜，因为你见过更好的了，你就希望对自己更好，而这个更好，很多时候是需要物质条件作为前提的。也许有人说：“蓑依，钱少一点没关系，也可以过得很好的。”不好意思，现在这个阶段我没有能力做到，很多的地方都需要用钱，而且越来越多。生活如此，事业也是如此。有一天，我竟然想拿投资了，不是为了上市什么的，而是做平台的每一步，都得靠实打实的资金堆叠。

第十，永远心怀各种可能性，包括我上面所说的，一个月后就会啪啪打脸。

一位我非常敬重的前辈经常告诉我：你要长期规划一下。说实话，我听烦了，我规划什么呢？我最多可以规划半年到一年，我规划不了未来的5年或10年。这个时代发展太快了，你根本不知道每一天会发生什么。很多时候早上做计划时我还觉得今天很普通，但晚上睡觉时，可能已经签了一个完全想不到的合同。所以，不要气馁，也不要骄傲，你根本不知道天亮之后会发生什么，一切都是奇遇，安安静静迎接就是了。

你看，30岁的我，张狂也好，偏执也好，反正还是和这个时代的大多数人活得不太一样。就觉得这样挺好的，反正我早已接受我的人生是复杂的，是要比很多人辛苦的，接受了这一点，所有到来的东西，都是祝福，都是在渡我而已。

## 68.为什么你拼命努力，还不如别人

凡是听过我讲课的小伙伴，一定会知道，我最常讲到的一个概念叫作：建立你的思维体系。我不厌其烦地讲，讲到自己口干舌燥：“如果不建立自己的思维体系，学习再多的东西都是表面功夫，没办法内化成心理动力，对你产生最大效果的帮助。”

斯坦福大学心理学教授卡罗尔·德韦克通过大量的临床研究发现：我们获得的成功，并不是由能力和天赋决定的，而是由我们在追求目标的过程中所用到的思维方式决定的。

我经常说：“你拥有什么样的思维方式，就拥有什么样的人生。为什么别人越来越成功，就是因为优秀的思维方式后劲儿很大，越成功就会越成功，而越失败也会继续失败。”

当然，思维体系和思维方式有很多种。在这里，我给大家讲一个我认为对我的人生起根本作用的一个思维模型，那就是用“指数型思维”升级自己的“线性思维”。

什么是线性思维呢？

顾名思义，思维是顺着一条线一直往前走的。之前我们经常说

的“1000小时定律”，某种程度上就是线性思维，它相信时间叠加和持续努力的重要性，在考博失败之前，我都是这种思维模型。

为了能够把文章写好，我就一天一天地练习写文章，不管是小说、散文还是诗歌，也不管是文章的选题、结构还是故事，一篇篇地练习，祈求自己的文章能够写得更好，被更多的人看到。

考研的时候也是一样，一头扎进书海中，一本书一本书地读，企图用勤奋让自己的分数高一点，再高一点。企图用题海战术让自己对考试题目有更好的感觉，总之，要让自己死死盯住目标学校，绝不松懈。

考博的时候，依然沿用的是时间累积战术，早上8点到自习室，晚上12点离开。如果有一天没有去，就感觉自己离目标学校更远了一步，满心焦虑。

甚至在2016年之前，我的整个职业规划也都是基于线性思维来做的。我那时候给自己设定了唯一的目标：当大学老师。高考被调剂了怎么办？在普通大学里面继续努力，然后考个好一点的硕士呗；硕士被调剂了怎么办？在普通硕士学校里面，继续考个好一点的博士呗；博士没考好怎么办？去一个一般的学校当老师呗……

现在回想起来，那个时候，我人生当中有无数条路可以选，但我看不到，我只能看到眼前的一条线，拼命地往一条对自己来说方向错误的道路上狂奔，还非常用力，以至于现在我总结自己这段拼命努力考学的时光，只想给自己一句话：当你走在错误的道路上，停不下来就是前进。

考博失败，我中断了考学之路，开始思考我的规划逻辑、学习逻辑和对事物的感知逻辑，到底是正确的吗？我为什么会产生这样的底层思维逻辑呢？

想了很久之后，我得出一个结论：其实我没有自己的思考路径，我所有的规划和学习能力，全都是来自老师的教育、父母的教育、身边的朋友的教育，我一直在用别人的方法来要求自己。

别人告诉我："大学老师是很适合你的工作。"别人告诉我："要想成为大学老师，就必须考上博士。"于是，我在潜意识里接受了这条道路，并且凭借自己倔强的坚持能力，一直在这条路上前行。

可是，我从来没有思考过：适合我的思考方式是什么呢？人生只有一种由别人影响的思考方式吗？我可以基于自己的生活特点做不一样的决定吗？也正是因为这个小小的苗头，我开始了我的"尝试之旅"。

如果说线性思维是从1到10，再到100，才能到1000的话，我能不能试着从1到100，再到10 000呢？人生是只能慢慢努力，还是可以飞跃式发展？

我最先做的一个小尝试就是，我不要只在博客上写文章了，我要把我的文章发表在各个平台上，哪怕有些平台看起来没有什么影响力，我也要发。谁能想到命运已经做好准备等我了。我从来没想过自己能在豆瓣上火起来，毕竟我很少用这个平台，当我发表了两三篇文章后，每篇文章都被推荐到了首页，继而扩散到微博，然后成为早期点击量10万多次的爆款文章，接着就有出版社找我出版，整个过程非常快速，像做梦一样。

因此我尝到了“甜”，我就觉得不仅仅在写作上我要做梦，我在生活的其他方面也要做梦，快速实现从0到10 000的跨越，没有必要非得从0到1来！

于是，在一点儿都不了解电视行业的情况下，毫不犹豫地去应聘《开讲啦》节目做编导。要是在线性思维阶段，我会觉得我得先学点电视的基础知识，或者考个电视方向的研究生才可以，但指数型思维一旦打开，你就会问自己一个问题：这个是必须做的吗？如果不是，我为什么要做呢？

事实的结果也证明：不是科班出身，用3年的时间，我也可以从小白做到电视节目主编的职位。

现在我选择创业，很多人会好奇：你不应该在拥有百万大号，或者有千万粉丝，或者自己成为超级知名人士以后，再创业吗？这个时候，我也会问自己：这些是必须做的吗？如果不是，我为什么要等呢？立刻去做就是了。

很多人说，我是一个爱尝试、喜欢挑战的人，这其实是表象。真正让一切发生改变，真正让我的收入从3500元到几十万的，是指数型思维在起作用，当它成形的时候，你做任何事情都会价值翻倍，都会实现人生的指数型变化。

## 69.成为自由职业者的必备清单

2020年，我在30岁的时候，正式成为一名自由职业者。

现在过去一年多的时间了，如果再给我一次机会，我会在辞职之前做好大量的铺垫工作，因为做好准备就不会像现在这样，一边前行，一边补之前应该做但没做的部分。在此，给打算两年内成为自由职业的小伙伴一份准备清单吧：

**第一，准备好你安身立命的那个特长，要在特长最闪亮的时候辞职。**

就拿我自己来说，我的特长是写作，我最闪亮的时候是在2016年和2017年，到处签售，疯狂出书，但我却是在4年后，很久没有关于写作的好消息时辞职。有时候时机不对，资源各方面的匹配度就会差很多。

**第二，列个资源清单，分清楚哪些是你的可用资源，哪些是你拥有但用不上的资源。**

自由职业也好，创业也好，在前期，一定是你熟悉的资源在帮你。我有一个有摄影特长的朋友，一直靠几个熟悉朋友的公司养活自己，前两年根本就没有自己做过兼职，都是朋友来找他。

如果你列资源的时候，两手空空，请谨慎做决定；

如果你列了非常多的资源，也要警惕：社会非常现实，你的很多资源都有可能是摆设而已。

第三，在辞职前1到2年恶补商业思维。

成为自由职业者，也就意味着你要自己接单，自己养活自己。你的能力再强、产品再好，如果你没有商业思维，产品最终也是“酒香也怕巷子深”。

商业思维是需要学习的，我在大学里没有上过一堂这样的课，参加工作后也没有去学习商业。我认为学习商业思维最好的方式就是去做兼职，哪怕不缺钱，也可以抱着学习的心态去买卖东西，学会渐渐接近商业的本质。

第四，养成极度自律的能力。

对，极度自律是种能力。不要认为平时不自律，被逼到某个份上就会变得自律，不是的，自律是种可以培养的能力。自由职业者最大的资源就是时间，你如何高效安排时间，如何对抗自己的惰性，这不是几个月或者半年可以解决的问题，而是一年、两年、多年才可以培养出来的能力。尽早养成，尽早受益。

## 70.出身农村的女孩，凭什么赢？

我出生在山东省聊城市东阿县一个不足百人的小村庄，转眼间，30年过去，此刻的我正在北京的家中写下这篇文章，真是感慨万千。

一个出生于农村的女孩，怎么才能在北京立住脚跟呢？

我将自己一路征战得出的建议分享给大家：

### 第一，一定不要玻璃心，内心应无比强大。

在过去几年中，我非常努力地工作，努力熬过了段艰难期，之后的路顺利很多，有些人因为矫情、玻璃心，在本该努力的时候，因为畏难情绪错过了让自己变得强大的机会。

### 第二，要有自己的一个专长，不用会很多，只要深耕一个领域就可以。

我一直深耕的领域就是写作。研究生毕业后，我选择去做电视节目，但是我没有选择那些综艺感很强的节目，而是选择了《开讲啦》《我是演说家》这类语言类节目，因为这类节目可以锻炼我的写作能力。做的所有的事情，都要围绕一个专长，才能完成“10 000小时定律”。

第三，不用和家里人事无巨细沟通工作内容，因为他们很多时候会动摇你的决定。

我出生在家庭氛围很好的家庭，虽然穷，但父母对我很好，即便如此，我也并不是很频繁地和家里沟通工作状态，是因为父母碍于视野、格局会对我当下做的事情发表让我气馁的建议，包括我现在在创业，父母也不知道。这不是欺骗，而是什么该告诉他们，什么不该告诉他们，是一种沟通智慧。

第四，要想在北京留下来，并且生活不错，很重要的一个能力：你是要有创业的潜力。

创业会带给人生一个新的突破机会。把自己活成一支队伍，一穷二白的时候，积累财富，累是肯定的。

第五，你是你身边5个人的平均值，要不断升级你的圈子。

虽然说“圈子不同，不必强融”，但是圈子在日常生活中特别重要，而在创业环境中，圈子能给你订单，给你机会。因此，提高情商，锻炼自己为人处世的能力，让别人觉得舒服，是每一个叱咤商场的女性必须过的一关。

人生要的就是惊涛骇浪，波涛中的每一朵浪花都是伟大的，它们最终会汇成闪着金光的海洋。愿我们每个人都能找到属于自己的那片海。